建设项目
环境影响评价

流域高质量发展与生态大保护技术研究与实践

生态环境部环境工程评估中心
水 电 生 态 环 境 研 究 院　编

中国环境出版集团·北京

图书在版编目（CIP）数据

建设项目环境影响评价流域高质量发展与生态大保护技术研究与实践/生态环境部环境工程评估中心，水电生态环境研究院编.
—北京：中国环境出版集团，2021.10

ISBN 978-7-5111-4930-5

Ⅰ．①建… Ⅱ．①生…②水… Ⅲ．①黄河流域—水利水电工程—环境影响—评价—研究②黄河流域—生态环境保护—研究 Ⅳ．①X820.3②X321.2

中国版本图书馆 CIP 数据核字（2021）第 215191 号

出 版 人	武德凯
责任编辑	李兰兰
责任校对	任　丽
封面设计	宋　瑞

出版发行　中国环境出版集团
　　　　　（100062　北京市东城区广渠门内大街 16 号）
　　　　　网　　　址：http://www.cesp.com.cn
　　　　　电子邮箱：bjgl@cesp.com.cn
　　　　　联系电话：010-67112765（编辑管理部）
　　　　　　　　　　010-67112735（第一分社）
　　　　　发行热线：010-67125803，010-67113405（传真）

印　　刷	北京市联华印刷厂
经　　销	各地新华书店
版　　次	2021 年 10 月第 1 版
印　　次	2021 年 10 月第 1 次印刷
开　　本	787×1092　1/16
印　　张	11
字　　数	228 千字
定　　价	45.00 元

【版权所有。未经许可，请勿翻印、转载，违者必究。】

如有缺页、破损、倒装等印装质量问题，请寄回本集团更换

中国环境出版集团郑重承诺：
中国环境出版集团合作的印刷单位、材料单位均具有中国环境标志产品认证；
中国环境出版集团所有图书"禁塑"。

《建设项目环境影响评价
流域高质量发展与生态大保护技术研究与实践》
编 委 会

主　编　　谭民强　　王殿常　　陈永柏　　曹晓红

副主编　　温静雅　　祁昌军　　吴兴华

编　委　　黄　茹　　葛德祥　　王　民　　曹　娜　　吴玲玲

　　　　　　林　慧　　刘时旸　　赵微微　　王海燕　　申彦科

前　言

　　黄河是中华民族的"母亲河"，是我国重要的生态屏障和重要的经济地带，是打赢脱贫攻坚战的重要区域，在我国经济社会发展和生态安全方面占有十分重要的地位。治理和保护黄河是事关中华民族伟大复兴和永续发展的千秋大计。

　　"黄河宁，天下平"，中华人民共和国成立后，党和国家对治理黄河极为重视。在党中央的坚强领导下，黄河治理取得了举世瞩目的成就，创造了黄河岁岁安澜的奇迹。目前，黄河流域共建设水库约 3 400 座、总库容超过 900 亿 m^3、水电站超过 700 座、总装机容量约 3 000 万 kW，为水沙调控、防洪减灾和经济社会发展提供了重要保障。但当前黄河流域仍面临一些突出困难和问题，如流域生态环境脆弱、水资源严重超载利用、生态用水被大量挤占、局部水污染问题突出、水生态退化趋势明显等。

　　党的十八大以来，习近平总书记数次实地考察黄河，多次对黄河治理和保护作出重要批示、指示。2019 年 9 月 18 日，习近平总书记在郑州主持召开座谈会，明确提出将黄河流域生态保护和高质量发展上升为重大国家战略。加强黄河的治理和保护，推动流域高质量发展，是新时代深入推进生态文明建设、培育经济高质量发展新动能、完善我国区域协调发展战略的又一重大举措，具有深远的战略意义。

　　在此背景下，生态环境部环境工程评估中心于 2020 年 10 月举办了"第九届水利水电生态保护研讨会——流域高质量发展与生态大保护实践"。会议围绕黄河流域水利水电开发与生态环境保护、水利水电工程关键环保措施研究及运行效果评估、生态环境保护事中事后监管等相关问题和对策建议开展了交流讨论。编者从会议成果中遴选出 19 篇论文汇编成册，形成《建设项目环境影响评价 流域高质量发展与生态大保护技术研究与实践》一书，期望能够总结黄河生态保护工作的经验和存在的问题，促进水利水电行业的交流探讨，也希望能为从事水利水电环保工作的相关单位和人员提供一定参考。

由于时间和编者水平有限，本书仍存在不足之处，敬请广大读者批评指正。

编　者

2021 年 9 月

目　录

黄河流域生态保护形势及对策建议

祁昌军[1,2] 曹晓红[1,2] 温静雅[1,2] 黄 茹[1,2] 王海燕[1,2]

（1. 生态环境部环境工程评估中心，北京 100012；2. 水电生态环境研究院，北京 100012）

摘 要：黄河是中华民族的"母亲河"，是连通西北、华北和渤海的生态廊道，是我国北方地区重要的生态安全屏障。当前，黄河流域水土流失严重、水资源超载利用、工程布局不尽合理、黄河湿地萎缩明显、水质污染风险隐患高等问题突出，黄河流域生态保护形势日益严峻。黄河流域生态保护要以习近平生态文明思想为指导，构建黄河生态经济带战略，坚持山水林田湖草系统治理，加强黄河流域生态系统保护修复，努力打造绿色发展的示范带，推动形成共抓黄河大保护的工作格局。

关键词：黄河流域；生态保护；绿色发展；对策建议

黄河是中华民族的"母亲河"，是连通西北、华北和渤海的生态廊道。黄河流域是中华文明最主要的发源地，是我国北方地区重要的生态安全屏障。同时，黄河流域又属于资源型缺水流域，黄河以占全国 2%的水资源，承载了全国 12%的人口、15%的耕地。黄河流域作为我国重要的能源和重化工产业基地，水资源匮乏与社会经济发展供需失衡问题突出。水资源超载利用、水土流失严重、湿地生态萎缩、水污染问题等时刻侵害着黄河"母亲河"的生态健康。"黄河宁，天下平"，治理黄河历来是中华民族安民兴邦的大事，也必然是生态文明建设的重要载体。

1 黄河流域经济社会概况

黄河发源于青藏高原巴颜喀拉山脉北麓，自西向东流经青海、四川、甘肃、宁夏、内蒙古、陕西、山西、河南和山东 9 个省（自治区），全长为 5 464 km，注入渤海。河源

作者简介：祁昌军（1982—），男，江苏连云港人，高工，主要从事环境影响评价研究。E-mail：qcj882@126.com。
通信作者：曹晓红（1970—），女，江苏无锡人，研究员，主要从事环境影响评价研究。E-mail：caoxh@acee.org.cn。

至内蒙古托克托县的河口镇为上游段，干流河长为 3 472 km；河口镇至河南郑州市的桃花峪为中游段，干流河长为 1 206 km；桃花峪至入海口为下游段，干流河长为 722 km。黄河流域总面积为 75.2 万 km²，黄河上中游横贯世界最大也是生态最脆弱的黄土高原和荒漠戈壁，滋养并改善了两岸的生态环境；黄河下游横贯华北平原，为沿黄地区经济社会发展提供了水源。

黄河流域是我国重要的粮食基地、能源矿产基地和重化工业基地。宁夏平原、河套平原、华北平原、渭河平原、汾河谷地等是黄河流域的主要农业灌溉区。黄河上中游地区的矿产资源尤其是水力资源十分丰富，是我国重要的水电基地；中游地区的煤炭资源、中下游地区的石油和天然气资源，在全国占有极其重要的地位。黄河以占全国 2% 的水资源量，承载了全国 15% 的耕地、12% 的人口[1,2]，承纳了全国约 6% 的废污水和 7% 的化学需氧量排放量[3]。

2 黄河流域主要生态问题

黄河流域生态类型多样，拥有有"中华水塔"之称的三江源区，区域动植物区系和湿地生态系统独特。但黄河流域地处干旱、半干旱地区，水土流失严重，社会经济发展需求与水资源短缺的矛盾日益尖锐，水资源超载利用、工程布局不尽合理、黄河湿地萎缩明显、水质污染风险隐患高均对黄河流域生态安全构成威胁。

2.1 河源生态脆弱，水土流失严重，水资源利用过度

一是河源生态脆弱，水土流失严重。黄河源区位于青藏高寒地区，其主体生态功能是涵养水源、调节黄河水量等，源区生态环境十分脆弱。黄河流域水土流失面积约为 46.5 万 km²，占总流域面积的 61.8%，其中强烈、极强烈、剧烈水力侵蚀面积分别占全国相应等级水力侵蚀面积的 39%、64%、89%，是我国乃至世界上水土流失最严重的地区[4]，年均输入黄河的泥沙达 16 亿 t[3]。黄河 50% 以上的径流量来源于黄河源区，但 90% 以上的泥沙源于黄河中游[1]。水沙异源，水沙时空关系不匹配、不协调，形成了下游河道善淤、善冲的特征及横河、斜河等游荡河道特点。现阶段黄河水资源衰减、用水增加，又加剧了水沙不协调问题，河流功能和生态萎缩，滩槽形态逆向演替，行洪、输沙、输水功能衰退。

二是水资源供需矛盾突出，地下水超采形势严峻。黄河流域人均水资源占有量为 473 m³，仅为全国平均水平的 23%。2017 年，黄河利津水文站以上区域水资源总量为 572.91 亿 m³，比 1956—2000 年均值偏小 10.3%。2017 年，黄河总取水量为 519.16 亿 m³，其中地表水取水量（含跨流域调出的水量）为 400.22 亿 m³，占总取水量的 77.1%；地下

水取水量为 118.94 亿 m³，占总取水量的 22.9%[5]。据预测，在充分考虑节水的情况下，2020 年流域内国民经济总缺水量将达 106.5 亿 m³，2030 年将达 138.4 亿 m³，在没有外流域调水的情况下，水资源供需矛盾将更加尖锐[6]。由于水资源短缺，流域部分区域地下水采补失衡等生态问题日益严峻。黄河流域有地下水超采区 78 个，超采面积为 2.26 万 km²，超采量为 14.03 亿 m³，主要分布在龙门至三门峡区间，尤其是汾河流域、龙门至三门峡干流区间和渭河流域[1]。

2.2　重要生态敏感区未得到有效保护，重大工程开发与生态保护博弈不断

一是流域重要生态敏感区未得到有效保护。黄河流域内共建有国家级自然保护区 53 处，总面积为 2.14 万 km²，约占黄河流域面积的 2.68%。其中，三江源区被誉为"中华水塔"，该区域动植物区系和湿地生态系统独特，自然生态系统基本保持原始的状态，是青藏高原珍稀野生动植物的重要栖息地和生物种质资源库，是我国江河中下游地区和东南亚区域生态环境安全及经济社会可持续发展的重要生态屏障。2000 年 5 月，三江源省级自然保护区经批准建立，2003 年 1 月，该保护区经国务院正式批准晋升为国家级自然保护区。但保护区内仍存在无序的水电建设，对河源区生态产生了显著影响。如位于三江源国家级自然保护区缓冲区内的拉贡水电站、尕多水电站，曾在"绿盾 2017"国家级自然保护区监督检查专项行动中被要求依法制定关停整改方案。然而，"绿盾 2018"在对该问题"回头看"时发现，这两个水电站发电机组仍未停止运行。

二是重大工程开发与生态保护博弈不断。据不完全统计，2017 年黄河流域有大、中型水库 220 座，其中大型水库 33 座。黄河上游青海省内河段的湟水、洮河、隆务河、曲什安河、达日河等 18 条支流已建成 130 多座小水电。水电站无序建设和过度开发对河源区生态产生了显著的生态影响，源区干支流的生态状况堪忧。由于黄河干流上水利水电开发时间较早，环境保护措施针对性不强，大坝阻隔和水文情势的改变对河段水生生物影响较大。20 世纪 80 年代，黄河流域有鱼类 130 种，其中土著鱼类 24 种，濒危鱼类 6 种；到 21 世纪初，干流鱼类仅余 47 种，土著鱼类 15 种，濒危鱼类 3 种[7,8]。20 世纪 80 年代较 50 年代，黄河干流渔业资源量下降了 80%～85%，黄河干流的渔获物及鱼类种群发生较大变化，渔获物个体逐渐下降，年龄以低龄化为主[9]。

2017 年，黄河干流上游河段未批先建的羊曲水电站淹没柽柳林事件一度引起社会公众、专家学者和水电开发者等的不断争论。各方对甘蒙柽柳的保护价值与保护方案存在较大争议，发展水电与生态保护孰轻孰重、孰先孰后，引发了水电开发和生态保护之争。

黄河干流上游规划的黑山峡河段位于甘肃省与宁夏回族自治区交界处，两省（区）对黑山峡河段的开发定位长期存在不同意见，宁夏主张对大柳树高坝大库进行一级开发，甘肃主张四级水电开发，开发方式不同带来的生态影响也不同。此外，黄河干流中游已

列入"十三五"重大水利工程的古贤水利枢纽也处于积极推进中，该项目涉及重要生态敏感区 13 个，其中直接影响黄河壶口瀑布国家级风景名胜区等 6 个，间接影响黄河湿地省级自然保护区等敏感区 7 个，枢纽建设面临如何不突破生态底线的问题。

2.3 产业布局粗放，水环境保护压力大

一是经济发展方式仍显粗放，产业结构尚不合理。黄河流域内造纸、化学原料制造、煤炭开采及洗选、石油加工、炼焦、农副食品加工、有色金属冶炼等行业结构性污染突出，产业结构短期内较难转变。流域废污水排放量由 20 世纪 80 年代初的 22 亿 m³ 增加到目前的 44 亿 m³，主要纳污河段以约 37% 的纳污能力承载了全流域超过 91% 的入河污染负荷[1]。黄河流域中上游省份主要位于我国中西部地区，随着承接东部地区产业转移，水环境保护压力将进一步加大。

二是煤化工产业沿河分布，水环境风险隐患高。2017 年黄河主要干支流 137 个监测断面中，达到或优于Ⅲ类的比例为 57.7%，劣Ⅴ类的比例为 16.1%，黄河干流水质为优，主要支流为中度污染。总体上，黄河干流刘家峡以上水体满足Ⅱ类水质标准，中下游断面基本满足Ⅲ类水质标准（其中宁夏—内蒙古和山西—陕西潼关断面出现超标现象）；支流湟水、大黑河、汾河、漭河出现超标状况。黄河流域内煤化工基地主要沿河分布，虽然新建煤化工项目要求废水不外排，应排入厂内晾晒池，但晾晒池中的废水水量大且污染物浓度高，目前的治污技术、环境监管、应急能力等相对落后，水环境风险隐患高。

2.4 流域湿地生态保护前景堪忧，下游"地上悬河"仍是心腹之患

一是流域湿地总体呈萎缩态势，湿地生态功能退化严重。因水资源减少、中小洪水规律变化、河洲滩关系改变等原因，黄河上游水源涵养湿地、中下游沿河及洪漫湿地及河口三角洲咸淡水湿地的结构、功能和生态效益变化明显。根据相关研究成果，1986—2006 年黄河流域湿地面积减少约 16%，而占流域湿地总面积 40.9% 的黄河源区湿地面积减少了 20.8%，黄河中下游河流和河漫滩湿地面积分别减少了 46% 和 34%[2,8,11]。黄河河口区域岸线蚀退、生物多样性减少、土壤盐渍化和近海水域盐度增加、淡水湿地萎缩和湿地人工化问题持续发展，未能得到有效控制和修复。如被列入《国际重要湿地名录》的鄂尔多斯遗鸥国家级自然保护区，区内最大的湖泊桃—阿海子水域面积在 2003 年以后，平均每年减少 1.6 km²，除自然降水不足外，在入湖河流上建设淤地坝发展农业生产也是水域面积减小的一个重要因素。据 2016 年中央环保督察反馈意见，遗鸥国家级自然保护区生态功能已基本丧失，保护区水域面积逐年萎缩，湖心岛近乎消失，主功能区湿地功能逐步退化，遗鸥数量锐减等生态环境问题日益严重。

二是黄河下游"地上悬河"依然严重威胁黄淮海平原地区社会和生态安全。目前，

黄河下游河床平均高出背河地面 4～6 m，其中高于新乡市地面 20 m，高于开封市地面 13 m，高于济南市地面 5 m。黄河下游防洪保护区涉及豫、鲁、皖、苏、冀 5 省 29 个地市 110 个县，面积达 12 万 km²，耕地面积为 1.12 亿亩*，人口为 9 064 万，"地上悬河"仍是严重的危险之患。

3 黄河流域生态保护对策建议

黄河流域生态保护要以习近平生态文明思想为指导，构建黄河生态经济带战略，坚持"山水林田湖草沙"系统治理，加强黄河流域生态系统保护修复，努力打造绿色发展的示范带。

3.1 推动形成共抓黄河大保护工作格局

遵循保护优先、生态优先和绿色发展理念，黄河上下游、左右岸共抓黄河大保护。建议将黄河生态经济带发展提升为国家发展战略，以流域生态保护为前提和目标，以良好的生态促进流域经济绿色、协调、可持续、健康发展。应系统性地进行全流域生态经济带发展的顶层设计和规划布局，制定实施相关的指导意见或规划纲要。流域各省（区）要在国家统一指导下编制相应的生态经济发展规划。出台相关政策，统筹协调已有的区域性发展战略。要转变经济发展方式，优化经济发展结构，走出一条生产发展、生活富裕、生态良好的文明发展之路。

3.2 推进黄河流域绿色发展

流域各省（区）要牢固确立以生态保护、生态文明建设为目标的发展思路，强化生态环境保护的前提效应和整体协调联动机制，坚持生态优先，坚持绿色发展。根据流域水资源承载力和资源环境现状，贯彻"以水定发展"的原则，倒逼流域经济社会实现转型发展；探索实施环境刚性约束的流域资源、生态、环境保护与监管。合理布局煤化工产业，以保障河道生态用水和水环境质量为前提，重新评估、优化调整已有煤化工产业规划。推进现有产业升级，加大技术改造力度，实现经济效益和生态环保效益同步提升。加大水污染防治力度，提高重点地区的排放标准，完善污染治理设施建设，推动已有设施的提标改造。依据主体功能区规划和生态功能区划，优化农业空间配置，调整产业结构，将部分耗水型作物调整为耐旱作物，发展多功能、多样性农业和休闲农业等多类型农业产业组合模式，推动环境友好农业发展模式，助力乡村振兴战略。积极推广农业节

---

* 1 亩≈666.67 m²。

水技术，推行渠道防渗、管道输水、滴灌、微灌等农业节水措施，提高水资源利用效率。

3.3 加强黄河流域山水林田湖草系统治理

全面把握、统筹谋划，把流域内的各类生态系统串珠成链、结线成网，建成绿色生态廊道。划定并严守生态保护红线，把流域内已经或将要纳入生态保护红线的约 26%的区域严格保护起来。建立包括流域内 53 处国家级自然保护区的保护地体系，加强各类自然保护地的监督管理。按照山水林田湖草生态保护修复的要求实施重大生态修复工程，推进水土流失综合治理，加强天然林保护，扩大退耕还林还草。加强河源区的水土流失防治和生态环境保护工作，实行河源生物多样性保护，科学畜牧。加强河口地区上游区域水污染防治工作，充分发挥黄河已建水利水电工程的调蓄作用，将河口生态用水纳入黄河下游水资源统一调度目标，实施生态调度。构建流域生态流量过程及梯级调度的规章规范，强化湿地保护，开展河口湿地生态修复工作。

3.4 分类施策，构建流域资源、生态、环境协同管理机制

黄河源区孕育了独特的生物区系和植被类型，具有重要的水源涵养功能，在流域生态平衡、环境保护等方面具有牵一发而动全身的效应，要坚持自然恢复和人工恢复相结合，从实际出发，全面落实主体功能区规划的要求，使保障国家生态安全的主体功能得到全面加强。针对中游区要加大水土流失治理力度，设定资源开发的上限，避免不合理的矿产资源开发，有效化解过剩产能。针对下游悬河区要坚持治理、防灾、开发及生态保护、修复统筹，进行流域资源、生态和环境的综合治理与监管，构建资源、环境协同管理机制。

3.5 建立黄河生态保护的法规制度，推进流域资源与生态补偿

建立流域统一管理与行政区域管理相结合的法律制度，形成上下游、左右岸以及地区、部门之间的合力，解决在黄河治理、开发、管理和保护中存在的各种问题，促进人与河流的和谐发展。立法应着重解决黄河水资源入不敷出、防洪形势严峻、水污染日趋严重和水土流失遏止不力四个方面的问题。建立河源区、河流廊道和河口区域的资源、生态与环境保护补偿制度，按照"谁受益，谁补偿"的原则，探索上中下游开发地区、受益地区与生态保护地区进行横向生态补偿，建立统一高效、联防联控、终身追责的生态环境监管机制。

参考文献

[1]　连煜. 黄河资源生态问题及流域协同保护对策[J]. 民主与科学，2018（6）：20-23.

[2]　陈凯麒，连煜. 黄河生态环境现状及对策措施[J]. 环境保护，2011（18）：14-15.

[3]　司毅铭. 黄河流域水生态文明建设的探索与实践[J]. 中国水利，2013（15）：60-62.

[4]　水利部黄河水利委员会. 黄河流域水土保持公报[R]. 2010.

[5]　水利部黄河水利委员会. 黄河水资源公报[R]. 2017.

[6]　水利部黄河水利委员会. 黄河流域综合规划[M]. 郑州：黄河水利出版社，2013.

[7]　张柏山. 黄河生态文明建设的探索与实践[J]. 中国三峡，2018（11）：54-57.

[8]　连煜，王新功，王瑞玲，等. 黄河生态系统保护目标及生态需水研究[M]. 郑州：黄河水利出版社，2011：43.

[9]　李红娟，袁永锋，李引娣，等. 黄河流域水生生物资源研究进展[J]. 河北渔业，2009，10（10）：1-3.

[10]　郑明辉，李征，刘路，等. 黄河流域生态保护措施探讨[J]. 水利发展研究，2012，12（7）：65-69.

[11]　李航，王瑞玲，葛雷，等. 人民治理黄河 70 年水生态保护效益分析[J]. 人民黄河，2016，38（12）：39-41.

水电环境可持续机制探讨

薛联芳[1,2]   陈柏言[1]   王东胜[1]

（1. 水电水利规划设计总院，北京 100120；2. 乐山中电建生态环保科技有限公司，乐山 614000）

摘　要：为建立我国水电环境可持续机制，本文对国内外水电站运行期的环境管理、评价标准及实践经验进行了分析研究。我国水电环保措施在长期运行中，缺乏激励政策和机制，影响了环保措施的效果，亟待建立环评（环境综合评估、水电空间管控）、政府（建立标准规范、地方管理指导）、激励（可再生能源配额、企业抵税政策）、改进（水电可持续评估、环保可持续资信）的闭环水电环境可持续机制，从而以市场化机制鼓励企业做好水电环保工作，协助政府部门加强水电环保事中事后监管，减缓水电生态环境负面影响，促进持续发展。本文建议建立监测系统和评估指标体系，研究出台相关激励和限制政策措施，并鼓励公众参与，接受监督。

关键词：水电；环境；可持续；机制

1   现状与需求

2019 年年底，我国水电总装机容量达 35 640 万 kW，其中常规水电装机容量 32 611 万 kW、抽水蓄能电站 3 029 万 kW；水电发电量 13 019 亿 kW·h，占全国发电量的 17.8%，比 2018 年水电发电量增加 5.6%；水电发电量在可再生能源发电量中占比 63.7%。随着我国大型水电基地建设的不断推进，主要河流梯级开发格局已初步形成。

水电开发除了具有发电、防洪功能，还具有航运、灌溉、引调水等多种功能，发挥着巨大的经济和社会效益，但同时也带来了诸如河道阻隔、低温水下泄、水文情势和水体理化性质改变、饵料基础生物演替等一系列的生态负效应。水利水电开发给生态环境

作者简介：薛联芳（1964—），男，福建龙岩人，教授级高工，硕士，主要从事水电水利工程环境影响评价及设计工作。

带来的不利影响已经日益显现并越来越受到国家和社会的重视。

随着我国水电开发的快速发展，水生态保护等方面开展了大量研发，在河流生态流量调控、低温水影响减缓，过鱼、鱼类增殖放流、鱼类栖息地保护等生态保护和修复技术方面取得了长足进步。在河流生态流量调控管理上，基本形成了涵盖生态流量泄放设施设置和运行、生态流量调度以及生态流量在线监控方面的技术体系。低温水影响减缓措施的形式和技术选择从原来主要集中在叠梁门分层取水技术，发展到叠梁门、前置挡墙、隔水幕墙等，均成为减缓措施的合理、有效选择。在过鱼设施技术方面，通过对工程实践的技术创新和总结，提出了水电工程过鱼设施设计规范，开展了鱼道、仿自然通道、鱼闸、集运鱼系统以及升鱼机等过鱼形式的技术研究和实践。在鱼类增殖放流技术方面，基本形成了鱼类增殖放流站规划设计、建造、设备设施生产、运行以及放流效果监测评估的技术体系。在鱼类栖息地保护及修复技术方面，通过栖息地受损前后生境适宜性模型模拟，使生境保护及修复提升到定量评估阶段，并应用于生态保护与生境修复的实践中。根据生态环境部环境工程评估中心对 2001—2018 年批复的水电项目初步统计，涉及金沙江、大渡河、黄河、澜沧江、汉江、雅砻江、元江、岷江、乌江、红水河、雅鲁藏布江、沅水、珠江、澧水、大盈江、怒江、松花江 17 个流域的干流和支流上已建和在建的 99 个水电站，累计环境保护投资约 290 亿元，近年大多数水电工程的环保投资占总投资的 3%以上[1]。

目前，国家对重大江河流域保护和治理的系统性、整体性、协同性日益加强，对水电开发和运行的生态环境保护问题提出了更高的要求。习近平总书记在 2016 年 1 月和 2018 年 4 月两次考察长江，强调要把全社会的思想统一到"生态优先、绿色发展"和"共抓大保护、不搞大开发"上来，在坚持生态环境保护的前提下，推动长江经济带科学、有序、高质量发展。2019 年 9 月，习近平总书记在黄河流域生态保护和高质量发展座谈会上指出，黄河治理保护工作取得了举世瞩目的成就，但同时也存在流域生态环境脆弱、水资源保障形势严峻、发展质量不高的问题。抓紧开展顶层设计，加强重大问题研究，着力创新体制机制，推动流域生态保护和高质量发展迈出新的更大步伐。《长江经济带生态环境保护规划》要求，保障长江干支流 58 个主要控制节点生态基流占多年平均流量比例在 15%左右，其中干流在 20%以上。《中华人民共和国长江保护法》提出："在长江流域重要水生生物产卵场、索饵场、越冬场和洄游通道等重要栖息地应当实施生态系统修复和其他保护措施。对鱼类等水生生物洄游产生阻隔的涉水工程应当采取建设过鱼设施、江湖连通、生态调度、灌江纳苗、基因保存、增殖放流、人工繁育等多种措施，充分满足水生生物的生态需求。"

综上所述，水电可持续发展的环境问题是在未来一段时间内落实长江、黄河等大江大河生态保护的重要问题，需以国家战略为导向，以生态优先，促进水电开展的多目标利用，以改善流域或河流生态环境质量为目标，促进电站生态保护监控、监管能力提升，创新和加强水电站运行和生态环境保护措施提升的政策机制。

2　国内外水电环境可持续评价标准现状

2.1　国外绿色水电认证

美国的低影响水电、瑞士的绿色水电、国际水电协会（IHA）的可持续水电等绿色水电认证在国外水电站运行期环境管理中扮演了重要的角色。绿色水电认证的目的是把水电工程对生态环境的负面影响降至最低，并为电力消费者提供可信并可接受的生态标志，给开展绿色认证的水电企业带来经济效益与社会效益的"双赢"。上述 3 项认证所指的环境问题大致相同，都涵盖了河流生态环境系统的主要因子。其差异在于绿色水电和低影响水电只评价河流系统的环境方面，而 IHA 的可持续水电则将经济、社会、环境评价相结合。上述 3 项认证的运行机制及评价标准见表 1 和表 2[2-4]。

表 1　国际知名水电认证运行机制

	低影响水电	绿色水电	可持续水电
发布单位	美国低影响水电研究所（LIHI）	瑞士联邦环境科学与技术研究所（EAWAG）	国际水电协会（IHA）
实施单位	美国低影响水电研究所	瑞士环境健康电力协会	—
阶段	运行期	运行期	全过程
方法	政府文件调查	环境影响定性判断	环境影响定性描述
用途	换发运行许可	电价上浮	投资（如清洁发展机制）

表 2　国际知名水电认证评价标准

低影响水电	绿色水电	可持续水电
河道水流	水文特征	下游的水文条件和环境水流
	泥沙和河流形态	泥沙输送和侵蚀
水质	—	水质
鱼类通道和保护设置	河流系统连通性	鱼类通道
流域保护		
濒危物种保护	生物群落	珍稀濒危物种
		库区内的有害生物
文化资源保护		健康问题
公共娱乐功能	景观与生境	施工活动
是否已被建议拆除		环境管理系统

2.2 我国可持续水电评价标准的建立

推动可持续水电发展是全面认识水电社会、经济、生态效益，综合衡量水电的效益和影响，协调水电开发与流域/区域发展的有效途径。为促进水电可持续发展，国内引进相关国际经验，在乌江、澜沧江等流域或梯级开启了水电可持续评价工作[5]。

2012 年，环境保护部启动了绿色水电相关课题研究工作，水电开发业主、规划设计单位和科研机构积极响应，组织开展了绿色水电指标体系研究和典型河流或水电站绿色水电评价研究工作，并提出了部分研究成果。

2017 年 5 月，水利部发布了《绿色小水电评价标准》（SL 752—2017），同时印发了《水利部关于开展绿色小水电站创建工作的通知》，明确创建工作申报、初验、审核和动态管理等程序，同年，全国 12 个省（区、市）申报了 48 座小水电站，经申报、初验、审核和公示，共有 44 座小水电站创建成为全国首批绿色小水电站。

2017 年 12 月，福建省物价局、经济和信息化委员会、环境保护厅和水利厅联合印发了《福建省水电站生态电价管理办法（试行）》，建立生态流量监管平台，安装监控装置实时在线监控，奖惩结合促使电站业主自觉落实生态流量，为促进小水电绿色发展创造了良好的政策环境。作为全国第一个生态电价管理办法，通过设置分档生态电价，充分发挥价格机制作用，做到有奖有惩，调动水电企业的积极性，促使企业自觉认真地落实生态流量，并为企业形成制度化、规范化的管理打下基础。

2017 年，国家能源局组织编制《可持续水电评价导则》，通过分析总结国内外水电可持续评价的理论和实践，参考国际现行的《水电可持续性评估规范》《可持续水电快速评估工具》《多瑙河流域可持续水电发展指导原则》等技术标准或成果，结合国内已开展的可持续水电评价的实践经验，重点关注水电发展中的经济社会、征地移民、环境保护、管理等问题，制定基于我国水电开发建设和运行管理的可持续性水电评价标准。该导则关注水电开发的全生命周期，目的是促进水电开发的持续性改进，环境可持续评价是其中的重要方面。水电运行期可持续评价标准见表 3。

表 3 水电运行期可持续评价标准

社会经济	工程效益、财务生存能力、调节效益、区域经济贡献、减排效益、后续发展
环境	水文情势、水环境、水生生态、陆生生态、环境保护对策措施
管理	运行管理、安全管理

3 水电环境可持续机制研究

3.1 水电环境可持续机制的目标

3.1.1 以市场化机制鼓励企业做好水电环保工作

目前，我国从事水电开发建设和运行管理的既有国企大公司，也有民营、私营小企业，不同企业对水电生态环境保护的认识水平和管理能力差距很大。如果生态环境保护工作做得好的企业，投入巨大但得不到回报，而生态环境保护工作做得差的企业，经济上获益但受到的惩罚很小，长此以往，必然会打击投巨资做环保企业的积极性。引入环境可持续水电信用评级机制，区分生态环境保护信用好的企业与信用差的企业，使环境保护信用好的企业得到政府部门、各经济主体和社会大众的认可，最终获得更大的成功和利益。而环境保护信用差的企业，应受到政府主管部门的惩罚，新建项目无法审批，最终被社会和市场淘汰。

3.1.2 协助政府部门加强水电环保事中、事后监管

近年来，有关部门加强水电环境保护工作事中、事后监管，鼓励公众参与，对于促进生态环境保护工作起到了重要作用。由于信息不对称，政府很难充分掌握企业环境保护工作的真实情况，从而难以找到持续有效的管理办法。可持续水电评价为政府对企业环保信用进行宏观管理提供了有效的办法，政府可以对所管辖企业的环保信用状况实行分类管理，在客观上起到区分良莠、奖优罚劣的作用。

3.1.3 减缓水电生态环境负面影响，促进持续发展

由于对水电生态环境认识的局限性，虽然水电的某些负面影响在项目开发阶段并未得到充分认识。但是，近年来社会上出现的对水电矫枉过正的所谓"反思"，干扰了发展中国家经济社会的发展。在这种背景下，应建立水电环境可持续机制，科学客观地评价水电对生态环境的影响，使公众客观公正地认识和评价水电的作用。评级程序和动态管理，为降低水电站对生态环境的负面影响、恢复河流良好状态、实现水电的可持续发展提供了可操作性的指南。同时澄清社会上对水电建设的偏见和误解，显得尤为重要。

3.2 基于信用评级的水电环境可持续机制框架

3.2.1 环境行为信用等级评价

信用评价是由专业的机构或部门，根据"公正、客观、科学"原则，按照一定的方法和程序，在对企业进行全面了解、考察调研和分析的基础上，作出有关其信用行为的可靠性、安全性程度的估量，并以专用符号或简单的文字形式来表达的一种管理活动。

企业环境行为信用等级评价是由生态环境部门根据企业的各种环境信息，按照一定的评价程序和指标，对企业的环境行为进行综合评价定级。根据评价结果，采取分类管理措施，加大环境保护公众参与力度，激励先进，鞭策落后，促使企业强化环境管理，自觉遵守生态环境相关法律法规。根据《国务院办公厅关于社会信用体系建设的若干意见》《企业环境信用评价办法（试行）》，部分地方政府开展了企业环境行为信用等级评价工作。按照"守信激励、失信惩戒"的原则，对评为"环境信用优秀"等级的企业，优先安排环保专项资金或者其他资金补助；优先安排环保科技项目立项；新建项目需要新增重点污染物排放总量控制指标时，纳入调剂顺序并予以优先安排等。对评为"环境信用较差"等级的企业，建议金融机构审慎授信，不予新增贷款；保险机构提高环境污染责任保险费率；发生环境违法行为时，按行政处罚自由裁量规则同档次的上限处罚等。该机制目前仅在部分地区试行，评价主体为企业"信用"，即企业的守法行为，且评价指标主要为"污染排放"，该机制尚未向水电站等生态影响类项目推广。

生态影响类环境行为信用评价需大量、长期且标准化的监测数据作为技术支撑。美国田纳西河流域为了实现流域内水库达到《清洁水法》的要求，田纳西河流域管理局采用严格的标准每两年对布设在流域内 31 个水库的 69 个监测点的生态情况进行监测。水库健康等级基于溶解氧、叶绿素、鱼种类、底栖生物、沉积物 5 个因素。如图 1 所示，田纳西流域管理局对蓝岭水库的生态健康评分，用于监测水库健康状况和划分生态健康等级，以便在必要时采取措施以改善水质。田纳西河流域管理局定期公布水库的综合指标数值和生态健康等级，客观上起到了信用评级的作用。

3.2.2 水电环境可持续信用评级机制框架

从理论上来讲，随着政府对绿色产品的鼓励和公众支付意愿的提高，环境友好型水电站会给企业带来丰厚的经济回报，同时势必会提高电力产品的环境价值，有助于改善企业形象，实现经济效益和环境效益的"双赢"。但在我国现行电力体制框架下，如何调动企业参与的积极性却是操作层面上一个至关重要的问题。

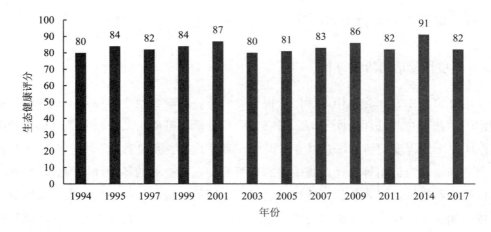

图1 蓝岭水库1994—2017年生态健康等级（＞72好，59～72一般，＜59差）

水电环境可持续机制在发达国家取得了良好效果，但由于我国仍是发展中国家，且相关土地政策、监督模式、许可制度与国外有较大差异，不可直接照搬国外制度。在结合我国基本国情与深入推进简政放权、提升服务效能的背景下，我国水电环境可持续机制宜借鉴国外综合评估、绿色认证、激励政策等制度以及保障技术手段，从而形成"环评（环境综合评估、资源空间管控）—政府（建立标准规范、地方管理指导）—激励（可再生能源配额、企业抵税政策）—改进（水电可持续评级、环境可持续资信）"的闭环体系（图2）。其中，水电可持续评级尤为重要。

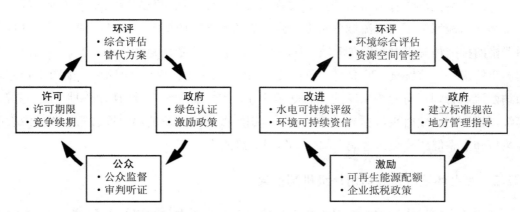

图2 发达国家水电环境可持续机制（左）及建议我国开展的水电环境可持续机制（右）

在我国开展水电可持续评级需要有一个独立的、非营利的评级机构来主持，这是评级得以客观公正实施的重要保证。水电可持续评级不仅是一种技术评定，从生态环境影响的角度分层次、分阶段评价环保措施的运行情况来看，还具有公共管理的特征，因此必须坚持客观独立、公开公正、诚实信用的原则。此外，评级机构还要对评级结果的适用范围进行说明，并且对评级结果进行动态管理。

4 政策建议

水电环境可持续评价是一项系统工程，需要以持续、可靠、独立的调查、监测数据为基础，以系统、科学的评价体系为工具，同时需要配套相关的激励和限制政策措施，为此需要：

（1）加快建立水电生态环境监测系统。以已有的监测为基础，辅以针对性监测措施，充分利用遥感、遥测、在线监测和物联网等新技术，建立实时在线监测系统，重点监测生态流量、水质、水温、陆生生态、水生生态状况和环境保护措施运行的状况，定期公布水电生态环境状况。

（2）研究建立评级指标体系。水电可持续机制应以环境影响报告书、可持续水电评价导则和现有环境政策、法规、标准为依据，考虑其科学性、系统性、可行性，建立反映生态环境影响和环境保护措施运行情况的定量化指标体系。

（3）研究出台相关激励和限制政策措施。发展改革、能源、生态环境、水利、经信、物价、电网等部门应通力合作，建立联动机制，研究出台相关激励和限制政策措施，如通过可再生能源配额、企业抵税等措施进行引导，避免"走过场"。

（4）鼓励公众参与，及时向公众发布信息，接受监督。在制定水电可持续评价实施细则时，既要参考国际绿色水电评价的经验，又要充分考虑国内外电力市场的开放程度，对评价进行调整。全过程要公开透明，鼓励公众参与，及时向公众发布信息，接受监督，做到办法公平、标准公开、结果公示。

参考文献

[1] 闫俊平. 水利水电工程环境保护措施落实的保障机制[J]. 中国水利水电科学研究院学报，2014，12（1）：71-5.

[2] 杨静，禹雪中，夏建新. IHA 水电可持续发展指南和规范简介与探讨[J]. 水利水电快报，2009，30（2）：1-5.

[3] 美国低影响水电研究所. 绿色水电与低影响水电认证标准[M]. 北京：科学出版社，2006.

[4] 禹雪中，廖文根，骆辉煌. 我国建立绿色水电认证制度的探讨[J]. 水力发电，2007，33（7）：1-4.

[5] 孙丹丹，刘园. 水电工程水生生态影响后评价研究[J]. 四川水力发电，2020，39（1）：120-123.

黄河流域人工湖（湿地）项目现状及环境管理对策

葛德祥[1]　曹晓红[1]　张建军[2]　罗　昊[3]　王　民[1]

（1. 生态环境部环境工程评估中心，北京 100012;

2. 生态环境部黄河流域生态环境监督管理局，郑州 450004;

3. 珠江水资源保护科学研究所，广州 510611）

摘　要：本文通过资料收集、现场调研等方式，对黄河流域 155 个人工湖（湿地）项目的基本情况进行了分析研究，发现人工湖（湿地）项目建设存在缺乏统筹规划，水资源节约集约利用重视程度不够，环评审批重点把握不准以及事中、事后监管较为薄弱等主要问题。本文针对这些问题提出了相应的对策建议：严格贯彻落实新发展理念，科学做好顶层设计和统筹规划；坚持节约优先、保护优先，协同推动水资源集约利用；紧密结合人工湖（湿地）环境影响特点，严格环境影响评价及审批要求；加强事中、事后监管，开展相关跟踪研究。以期为规范和强化人工湖（湿地）相关项目环境管理提供参考。

关键词：人工湖（湿地）；环境管理；黄河流域

黄河是中华民族的母亲河，黄河流域是我国北方重要的生态屏障和生态建设载体，以及重要的粮食生产、能源矿产、化工、原材料和基础工业基地[1]。同时，黄河流域水资源十分短缺，长期以来，黄河以其占全国 2% 的水资源量，承载了全国 15% 的耕地和 12% 的人口[2]，支撑了 9% 的国内生产总值[3]，水资源供需矛盾十分突出。

近年来，随着黄河流域经济社会的快速发展、城镇化进程的不断加快、人民生活水平的日益提高，人民群众对优美生态环境的需求、地方政府对城市人居环境建设及城市品质提升的意愿日趋增强。以人工湖（湿地）为代表的水面型城市公园，在美化城市景观、增加城市灵动性和韵味、调节局地气候等方面作用明显，是目前各地普遍采取的造景模式。但部分地区在推进人工湖（湿地）建设过程中，存在着规划缺失、盲目决策、

作者简介：葛德祥（1986—），男，安徽怀远人，硕士，高级工程师，主要从事水利水电生态环境保护相关研究。E-mail: dexiang_ge@163.com。

未批先建等问题[4]，有的甚至出现不尊重自然规律、脱离资源禀赋实际，随意破坏耕地、挖田造湖、挖田造河，凭空建设人工水景[5]，过度追求大水面、大景观，造成了水土资源的浪费和对生态环境的破坏，亟待进行规范和加强监管。

1 黄河流域人工湖（湿地）基本情况

2020 年 6—7 月，本课题组通过资料收集、现场调研等方式，对除四川省以外的沿黄省（区），2016 年以来建设人工湖（湿地）相关项目的情况进行了集中调查，共收集到155 个项目的信息，其中蓄水量在 10 万 m³ 以上的项目 81 个，占比为 52.3%。从黄河干流引水的项目 32 个，占比为 20.6%；支流引水的项目 51 个，占比为 32.9%；其他水源引水的项目 72 个，占比为 46.5%。闸坝蓄水成湖的项目 31 个，占比为 20.0%；人工挖湖的项目 51 个，占比为 32.9%；其他成湖方式的项目 73 个，占比为 47.1%。已办理环评手续的项目 136 个，占比为 87.7%；手续不全的项目 19 个，占比为 12.3%。编制环境影响报告表的项目占比为 53.0%，编制环境影响报告书的项目占比为 30.0%，其余项目为登记表。

2 项目及环境管理存在的问题

2.1 缺乏统筹规划，违背城市发展和自然规律

据本次调查结果，约 1/3 的人工湖（湿地）项目没有规划依据。而部分有规划依据的项目，主要依托国民经济发展、城市建设或水利等相关规划，该类项目的限制条件和资源环境影响问题在规划中缺乏针对性的论证。部分地区在推进经济社会高质量发展过程中，受制于经济发展水平，往往条件有限，同时由于缺乏有效的规划约束等原因，常直接照搬南方水资源丰富地区的模式，通过建设人工湖（湿地）打造水面景观，提升城市形象、提高土地价值[4,6]，以获得立竿见影的政绩。一些地区对新发展理念的理解存在偏差，打着"生态文明"建设的旗号，盲目圈水、占水成湖，移植大树高价造绿，破坏自然生态本底[7]。例如，陕西省渭南市圣母湖项目，打造人工湖面导致陕西省黄河湿地自然保护区近 3 000 亩（合约 200 hm²）湿地遭到破坏[8]。

2.2 地处资源性缺水地区，水资源节约、集约利用重视程度不够

黄河流域大部分区域属于干旱、半干旱地区，降水量少，蒸发量大，资源性缺水问题突出，但水资源的节约、集约利用尚未引起足够重视。部分地区过度追求大水面景观，

造成水资源损耗巨大。例如，宁夏回族自治区石嘴山市年降水量为 167.5～188.8 mm，年蒸发量为 1 708.7～2 512.6 mm[9]，而该市境内的星海湖于 2004 年建成后，常年水域面积达到 23 km^2，年均需要从黄河补充水量约 2 000 万 m^3[10]，占该湖所在大武口区年均用水总量的近 1/5[4]。大部分地区没有意识到治污与水资源集约利用的双促进作用，未将人工湖（湿地）与污水处理厂深度净化、水环境保护等进行统筹考虑。例如，某地人工湖项目距污水处理厂最近距离不足 300 m，但该项目并未统筹考虑对中水进一步净化利用。流域各地普遍未能正确认识局部与整体的关系，没有站在全流域的角度考虑水资源短缺问题。有的地方认为只要用水总量没有超标，不管怎么用都是合理的；还有的地方因过境水资源量大，存在不用白不用的心态，主观上也影响了水资源利用的效率。

2.3 人工湖（湿地）涉及项目类型较多，环评审批重点把握不准

本次调查发现，目前人工湖（湿地）相关项目大多包含在灌区工程、引水工程、防洪治涝工程、河湖整治工程、公园、旅游开发、污水净化和生态景观工程、房地产等项目中，类型多样，情况复杂，在环评审批过程中难以把握尺度，甚至会产生偏差。通过调阅各地相关项目环评和批复文件发现，环评文件内容和批复要求普遍侧重于施工期的环境影响，环评文件中关于项目选址、建设规模、用水结构等环境合理性论证，以及引水、用水涉及的水文水资源、水环境、生态等影响评价内容均较为欠缺，批复文件也基本没有提出针对性的要求。此外，涉及人工湖（湿地）相关项目的审批基本集中在市、县的综合行政部门或生态环境部门，对有关流域性、累积性影响的把控存在现实困难。

2.4 相关项目后续变动较大，事中、事后监管较为薄弱

调研发现，不少以防洪、河道治理、生态环境综合治理、土地整治以及农业灌溉等为主要任务立项的项目，后期换成了人工湖（湿地）相关的景观工程或房地产配套工程，但未履行重新报批环评文件的手续，地方生态环境部门也未进行监管。例如，开封市黑岗口引黄灌区调蓄水库及扩建工程的设计开发为灌溉调蓄，但实际上却被建成开封的"西湖"，而为农业灌溉设计的控制闸和下游灌渠至今尚未建设。在调研交流过程中了解到，客观上，当前基层生态环境部门监管的重点在企业和污染问题上，对人工湖（湿地）相关项目的监管力度不够；主观上，各地普遍认为人工湖（湿地）为民生类项目，有利于改善老百姓的生活质量，因此也间接放松了监管要求。此外，基层生态环境部门普遍存在人员少、任务重等问题，迫切需要现代化、信息化的监管手段，以提升监管效率和覆盖面。

3 完善环境管理的对策建议

3.1 严格贯彻落实新发展理念，科学做好顶层设计和统筹规划

建议黄河流域相关地区在"三线一单"生态环境分区管控方案制定过程中，强化对黄河流域水资源利用的刚性约束，分类提出人工湖（湿地）的生态环境准入条件；在国土空间规划中，落实国务院关于耕地非农化的有关要求，分区提出人工湖（湿地）的空间管控方案；在《黄河法》制订过程中，明确人工湖（湿地）建设的相关要求，防止以打擦边球、钻空子的方式立项。同时，建议黄河流域各地区以省（区）为单位，制定本地区人工湖（湿地）或人居环境建设的整体规划，统筹做好与城市环境治理、污水处理、海绵城市建设等的对接，协同推进城市人居环境提升、环境基础设施建设，避免各市、县无序规划和建设。严格贯彻落实新发展理念，坚持尊重自然、顺应自然、保护自然的原则，因地制宜地规划与本地区资源环境承载力相适应的景观工程，坚决遏制脱离实际的"造湖冲动"。

3.2 坚持节约优先、保护优先，协同推动水资源集约利用

一方面，建议将节约和保护水资源作为人工湖（湿地）相关项目建设的最大刚性约束，严格落实以水而定、量水而行的要求，严格控制超大面积水域景观建设，避免河道过度渠化或湖库化，尽可能减少水资源损耗；另一方面，建议原则上超指标用水地区不得采用常规水资源建设人工湖（湿地），禁止通过跨流域调水建设人工湖（湿地），严格限制从黄河流域各级河流引水建设人工湖（湿地），支持不占用耕地且利用再生水、雨洪水、矿井水等非常规水资源的人工湖（湿地）建设。针对原先采用常规水资源的改扩建工程，鼓励其利用非常规水资源进行替代。此外，建议在黄河流域水生态环境保护"十四五"规划和水资源保护相关规划中，进一步明确非常规水资源的利用水平要求，强化治污、节水、景观建设的有机融合，提升水资源利用效率，协同管好黄河流域的"水袋子"。

3.3 紧密结合人工湖（湿地）环境影响特点，严格环境影响评价及审批要求

建议在黄河流域后续的水利、社会事业、生态保护和环境治理、房地产等相关行业项目环评审批论证过程中，加强选址选线、取用水量和过程、供水对象的环境合理性论证。对在天然河道上拦河筑坝以及从河道引水的人工湖（湿地）相关建设项目，应强化坝下和引水断面下游河段水文情势的影响论证，并考虑上下游、不同阶段工程的叠加累

积性影响。强化对人工湖（湿地）水质、富营养化和盐碱化等问题的论证，并有针对性地采取促进水体循环等合理可行的治理措施。尽量通过利用现有地形条件、现有水系以及恢复原有水系等方式适度建设人工湖（湿地），避免大开大挖、挤占天然河道、破坏河湖生态缓冲带和自然湿地，尽量保护河湖自然本底。结合水环境保护需要，尽可能保护水生植物、底栖生境和水生动物，提高水体自然净化能力，维护水生生态系统功能。建议配套的景观绿化要与当地自然条件相适应，并尽可能采用本地物种，严格限制种植耗水植物和移植古树、大树造绿，严防外来物种入侵。此外，建议沿黄各省（区）将编制报告书的人工湖（湿地）相关项目环评审批权限收归于省（区）级生态环境部门，以强化有关叠加、累积性影响问题的论证。

3.4　加强事中、事后监管，开展相关跟踪研究

建议各级生态环境部门在环评文件技术复核工作中，适度提高人工湖（湿地）相关项目环评文件的抽查比例，督促强化环评论证质量。适时修订水利等建设项目重大变动清单，补充明确人工湖（湿地）重大变动情形，遏制随意调整项目建设内容和任务的行为。创新监管方式，通过卫星遥感等空间技术手段，定期对人工湖（湿地）相关项目进行监管，督促建设单位严格执行环境保护"三同时"制度。同时，要充分发挥流域生态环境监督管理机构在流域资源开发监管方面的职能和专业优势，强化人工湖（湿地）相关项目的日常监管。将人工湖（湿地）的相关问题纳入各级生态环境保护督察、河（湖）长管理及考核内容，持续形成对不切实际的"造湖冲动"的高压态势。此外，建议组织开展人工湖（湿地）相关项目环境影响跟踪评价和环境管理研究，为后续进一步制定相关技术规范、完善环境管理提供技术支撑。

4　结语

黄河流域人工湖（湿地）项目环境管理需要通过强化"三线一单"、国土空间规划等宏观约束，严格项目环境影响评价及审批，加强事中、事后监管等方式，进行规范和完善。同时，后续还需进一步加强与国家发展改革委、水利部、自然资源部、国家林业和草原局、住房和城乡建设部等部门的政策和管理联动，形成监管合力，协同强化该类项目监管，共同推动和落实黄河流域生态保护和高质量发展。

参考文献

[1] 连煜，张建军. 黄河流域纳污和生态流量红线控制[J]. 环境影响评价，2014（4）：25-27.

[2] 连煜. 坚持黄河高质量生态保护，推进流域高质量绿色发展[J]. 环境保护，2020，48（Z1）：22-27.

[3] 王东. 黄河流域水污染防治问题与对策[J]. 民主与科学，2018，6：24-25.

[4] 苏杰德. 造湖冲动：中国需要多少个"西湖"[J]. 中国新闻周刊，2020（20）：22-29.

[5] 赵婧. 自然资源部通报 2019 年耕地保护督察有关情况[N]. 中国自然资源报，2020-01-20.

[6] 张兴军，张军，王攀. "挖湖造景"，醉翁之意还是要卖地[N]. 新华每日电讯，2012-08-30.

[7] 陕西省住房和城乡建设厅等部门. 关于防止脱离实际造景造湖推进城市建设高质量发展的意见（陕建发〔2020〕1034 号）[EB/OL].（2020-04-23）. http://js.shaanxi.gov.cn/zcfagui/2020/4/110025.shtml.

[8] 周群峰. "秦东水乡"造湖乱象[J]. 中国新闻周刊，2020（20）：16-21.

[9] 石嘴山市地方志编纂委员会办公室. 石嘴山年鉴[M]. 宁夏：宁夏人民出版社，2017.

[10] 薛天，陈晨，孙清清，等. 歪风乱象有所遏制，遗留问题尚待破解：部分地区整改"挖湖造景"追踪. 新华网[EB/OL].（2020-11-23）. http://www.xinhuanet.com/2020-11/23/c_1126775845.htm.

黄河小北干流河流湿地的环境影响识别方法探寻

陈凯麒[1]　葛怀凤[2]　李　洋[2]

（1. 生态环境部环境工程评估中心，北京 100012；2. 水电水利规划设计总院，北京 100011）

摘　要： 在黄河流域发展的新要求和新形势下，促进河流生态系统健康可持续发展、提高生物多样性是加大生态环境保护、实现高质量发展的重要组成部分。黄河小北干流是黄河干流的典型淤积型震荡型河道，河道宽浅，水流散乱，主流迁徙不定，河流生态系统高度复杂。本文在调查分析黄河小北干流生态环境保护对象的基础上，探索性地提出了通过构建河流湿地与水沙关系的动力联系的技术方法，研究分析工程建设对河流湿地生态系统的影响，为有针对性地提出减缓和保护措施提供基础，具有重要的现实指导意义。

关键词： 黄河小北干流；环境影响识别方法；河流湿地生态系统；水沙关系影响

河流是人类生存和发展的基础，伴随科学技术的不断进步和人类环境保护意识的增强，在发挥水库经济社会效益的同时需要减少水库建设对生态环境的影响，为探求人类行为胁迫包括工程开发建设等对河流生态系统的影响，相关研究人员提出了多种研究理论、方法与模型，从不同的时空尺度探讨了河流生态系统各变量之间的关系，包括河流连续体概念[1]、河流非连续性概念[2]、河流四维模型[3]、洪水脉冲概念[4-5]、自然水流范式[6]、适应性管理[7]等，也在相关流域开展了实践，取得了丰富的研究成果。

黄河小北干流是黄河干流的典型淤积型震荡型河道，河道宽浅、水流散乱、主流迁徙不定、河滩湿地系统复杂，生态环境敏感对象多且复杂。针对目前黄河规划开发的工程建设，研究其对小北干流重要生态环境敏感对象的影响，并提出在后续工作中研究的方向，是十分必要的。

作者简介：陈凯麒（1958—），男，浙江上虞人，研究员，博士生导师，主要从事环境影响（后）评价，流体力学，水文水资源等方面研究。E-mail: kqchen010@163.com。

1　基本概况

黄河禹门口至潼关河段称小北干流（图 1），全长 132.5 km。河段左岸为山西省运城地区所属河津、万荣、临猗、永济、芮城 5 县（市），右岸为陕西省渭南市所属韩城、合阳、大荔、潼关 4 县（市）。黄河自著名的壶口瀑布澎湃而下，经十里龙槽，出龙门后，骤然放宽，河床由 100 m 的峡谷展阔为 4 km 以上，两岸分布有大量河滩湿地，在潼关附近自北向东呈近 90°急转，奔向东方，河道宽度收缩为 850 m 左右。沿程有汾河、涑水河、渭河、北洛河等支流汇入。河道穿行于汾、渭地堑谷凹地区，两岸为高出河床 50～200 m 的黄土台塬。

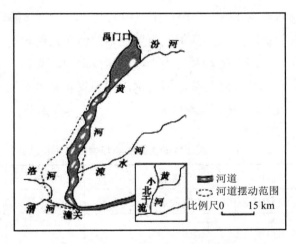

图 1　黄河小北干流地理位置示意图

该河段根据河道特性分为上、中、下 3 段，上段禹门口至庙前，长 42.5 km，宽 3.5～13.0 km，平均宽 6.6 km，左岸有汾河在此段汇入，河势摆动较强；中段庙前至夹马口，长 30.0 km，宽 3.5～6.6 km，平均宽 4.7 km，该段两岸基岩系第三纪红土层，抗冲击能力强，河势较稳定；下段夹马口至潼关，长 60.0 km，宽 3.0～18.8 km，平均宽 11.6 km，是一段摆幅较大的河段。河道宽度在潼关缩窄为 850.0 m 左右。

该河段洪水具有峰高量大、含沙量高的特点。泥沙大量淤积，河道宽浅，水流散乱，主流游荡不定，历史上素有"三十年河东，三十年河西"之说[8]。

形成淤积型游荡型河道主要是上游来水来沙的条件造成的。水沙条件变化和河床边界条件相互作用是形成大幅度河道变迁和局部河势变动的根本原因：冲刷时，横向环流作用促使泥沙横向运动，河漫滩遭旁蚀、坍塌，凹岸冲刷，凸岸产生新边滩，使河曲发展产出弯曲形河道；淤积时，旧河槽易被淤平，拓出的新河槽造成河道迁徙；

另外，在特定的水沙组合和河床边界条件作用下产生的揭河底冲刷，往往会塑造新的河槽，导致河势变化大[9]；1968—2013 年，小北干流防洪工程的修建对控制河势平面摆动发挥了较大作用，但由于布设不足，左岸部分工程间空档较大，无法有效控制河势；此外，干流下游水库泥沙的淤积上延造成小北干流河段泥沙淤积，使得主河道萎缩加快、河势游荡加剧[10]。

2 干流湿地重要生态环境保护对象调查分析

小北干流主要的生态环境敏感对象涵盖自然保护区（河流湿地）、水产种质资源保护区等，详见表 1 和图 2，其中，河流湿地生态系统种类多样化，具有多样性。水产种质资源保护区主要包括黄河鲤兰州鲇，禹门口至三门峡段、洽川段乌鳢，黄河滩中华鳖 4 个国家级水产种质资源保护区；自然保护区主要包括陕西黄河湿地、山西运城湿地两个省级自然保护区，小北干流湿地生态系统为大幅度游荡河段，河床内河道水流多变，江心洲和河漫滩发育，生态系统高度复杂，河流水沙因子变化是维护河流生态系统健康、保持良好栖息地环境的关键驱动因素。

表 1 小北干流湿地的主要生态环境敏感保护对象

序号	敏感保护目标	所在区域	级别	类别	保护对象
1	陕西黄河湿地省级自然保护区	陕西渭南	省级	河流湿地	河流湿地生态系统和生物多样性，尤其水鸟种群的栖息环境
2	山西运城湿地省级自然保护区	山西运城	省级		
3	黄河陕西韩城龙门段黄河鲤兰州鲇国家级水产种质资源保护区	陕西韩城	国家级	水产种质资源	黄河鲤、兰州鲇等
4	黄河中游禹门口至三门峡段国家级水产种质资源保护区	陕西、山西、河南	国家级		黄河鲤、兰州鲇、乌鳢、黄颡鱼、赤眼鳟等
5	黄河洽川段乌鳢国家级水产种质资源保护区	陕西合阳县	国家级		乌鳢为主，其他包括黄河鲤鱼、黄河鲇鱼、黄颡鱼、高原鳅等
6	黄河滩中华鳖国家级水产种质资源保护区	陕西大荔县	国家级		中华鳖

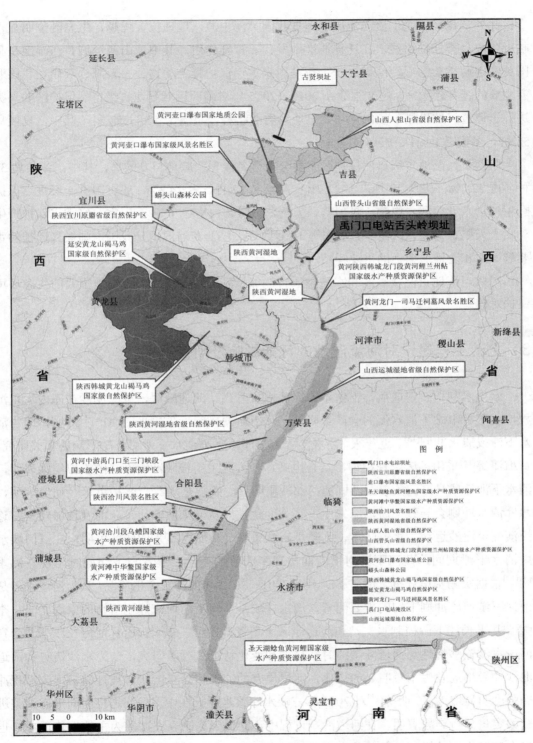

图 2　黄河小北干流重要环境保护对象示意图

　　此外，黄河小北干流河流湿地地处我国黄河中游，地理位置优越，生态区位明显，临近国内鸟类迁徙路线，在迁徙通道中发挥着重要作用。其中，山西运城黄河湿地是我国黄河中游重要的湿地区域之一，也是国家重点保护野生动物——天鹅、灰鹤在我国北方主要的越冬停歇地。赵文强等在 2013—2015 年对山西运城湿地省级自然保护区的鸟类进行了调查，结果显示该保护区共记录鸟类 202 种，隶属于 17 目 52 科，其中，夏候鸟 55 种、冬候鸟 24 种、旅鸟 72 种[11]。

　　陕西黄河湿地省级自然保护区主要分布有冬候鸟、旅鸟与夏候鸟，其中，冬候鸟 33 种，占 27.7%；旅鸟 27 种，占 22.7%；夏候鸟 17 种，占 14.3%，还有国家一级重点保护野生动物东方白鹳、黑鹳、丹顶鹤、大鸨、金雕、白肩雕 6 种，国家二级重点保护野生动物大天鹅、鸳鸯、白琵鹭、灰鹤等 16 种[12,13]。陕西黄河湿地是我国内陆候鸟迁徙的重要越冬池和迁徙通道上的重要驿站[14]。

　　因此，湿地自然保护区和水产种质自然保护区是黄河小北干流湿地重要的生态环境保护对象。

3　上游工程建设对河流湿地的可能影响及研究路径

　　水电水利枢纽建成后，枢纽水库库区水位升高、流速减缓，进库泥沙在库内大量沉积，成库后电站下泄水流的含沙量降低，使下游河床输沙失去平衡而产生冲刷，即为清水下泄或清水冲刷[15]。近年来，有关专家开展了一系列清水下泄对下游影响的相关研究。黄梅津等[15]采用动床物理模型，结合电站运行方式采用极限冲刷方法的模拟结果表明，清水下泄造成曼厅河段普遍冲刷和局部冲刷明显。姚文艺等[16]、张柏英等[17]研究表明，水库清水冲刷会导致下游河床发生一系列变化，即从河床质粗化、床面及边滩镂空，逐渐演变至泥沙运动、水位降落、比降重新分布等。马沛森等[18]的研究表明，在三门峡水库清水下泄期间，黄河下游河槽断面出现了明显的变化，展宽与下切同时出现。冯李驹[19]根据实测资料分析了渭河下游河道 2001—2013 年的冲淤变化情况，认为河道采砂是渭河下游河床冲刷下切的主要因素，清水冲刷是渭河下游河床冲刷下切的原因之一。李强[20]基于长江下游控制水文站和河道地形实测资料，对三峡工程运行前后长江下游南京河段水沙输移特性与河道冲淤的时空格局和变化特征进行了研究，认为水沙情势和河道泥沙冲淤格局发生了较明显的变化，河道原有的冲淤相对平衡状态被打破，河床沿程冲刷强度明显增大。李明等[21]对 2003 年三峡水库蓄水后长江中下游河道横断面形态调整进行的定量分析结果表明，在河道冲刷过程中，断面形态既存在冲滩为主的坦化现象，也存在冲槽为主的锐化现象，其中，在深槽走向相对平顺的河段，河道横断面的调整以复合调整模式为主，呈现出冲深淤浅的锐化特征。

　　黄河小北干流的水文特性及冲淤河势变化等一直是国内的研究焦点，根据林秀芝等[22]的研究成果，1974年三门峡水库采用蓄清排浑运用方式以来，黄河小北干流的冲淤变化主要受来水来沙条件影响，基本保持非汛期冲刷、汛期淤积的特点。2003—2016年受上游汛期来沙量大幅度减小的影响，沿程各河段汛期淤积量明显减小，非汛期冲刷量小幅减小，总体来看每年度呈现持续冲刷的现象（表2）。

表2　小北干流不同时期不同河段年均冲淤量

单位：亿 m³

年份	断面			
	黄淤41—50	黄淤50—59	黄淤59—68	黄淤41—68
1974—1986年	−0.053 6	0.050 5	0.006 0	0.002 9
1987—2002年	0.107 3	0.111 2	0.204 7	0.423 2
2003—2016年	−0.053 9	−0.061 0	−0.097 6	−0.212 5

　　近年来，黄河小北干流汛期来水量、来沙量都大幅度减小，其中来沙量减幅远大于来水量的减幅，河床持续冲刷，由此给河流湿地和水产种质保护区的栖息地环境也带来了一定的影响。未来，小北干流上游规划水利水电工程的开发建设，一方面引起水库下游水文情势即水文节律特征［流量、频率、持续时间、出现时间及变化速率（涨/落水率）5种特征］的变化，不同的水文节律特征是维护流水生态系统健康与完整的驱动要素（图3），中小型洪水发生频率大幅度减小，相应降低洪水流量组分对于河流湿地发挥重要的作用[23]，降低了河道与湿地、支流的连通性，相应影响湿地的规模、生态系统的结构和功能、鸟类及其栖息生境等。

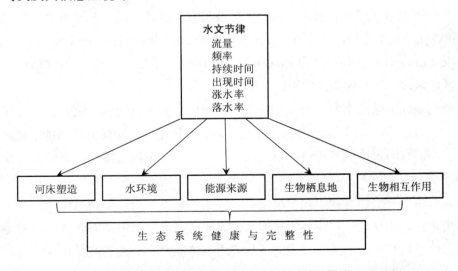

图3　水文节律对河流和湿地生态系统的影响

工程建设后引起更多的清水下泄，持续冲刷河床，河道并滩归槽，湿地不能及时得到水源补给，带来河滩湿地面积发生萎缩等不利影响。由此，保持健康的水文节律特征、良好的水沙关系和河床边界条件是保证黄河小北干流河流湿地生态系统功能和结构向好发展的关键要素。

为全面研究分析工程建设后对黄河小北干流河流湿地生态系统带来的环境影响，并为探寻相应的保护对策提供减缓影响技术支持，亟待研究河流湿地生态系统与水文、河床三者间的内在动力联系，见图4。

本文提出针对黄河小北干流河流湿地生态系统从景观格局驱动力与水沙驱动力出发探寻生态—水沙间联系的研究思路。

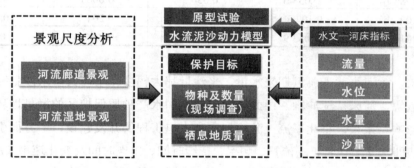

图 4　河流湿地生态系统—水文—河床三要素复合关系

（1）以黄河小北干流河流湿地现状调查为基础，包括生物物种及数量等，研究分析物种种类及数量的演变趋势。

基于河流生态系统研究范式、概念（如自然水流范式、洪水脉冲概念、河流四维模型等）和成熟的技术方法体系［如美国大自然协会 2010 年提出的"水文变化的生态限度"（Ecological Limits of Hydrological Alteration，ELOHA）框架[23]］，研究水文情势变动对小北干流区域内水产种质保护区的影响（图 5）。

从景观驱动力角度出发，研究影响鸟类栖息的生境变化的演变机制，以景观生态学理论与方法为指导，采用 ArcGIS 技术平台，同时利用统计与空间分析功能定量研究，计算景观在不同空间尺度的格局特征及不同时间尺度的动态演变特性，分析工程建设带来的影响。

（2）从生态—水沙驱动力角度出发，采用水流泥沙动力数学模拟模型、原型试验等研究生物物种、栖息地与水沙要素（如水位、流量等）之间的动态联系，特别是要研究分析工程建设运行后清水下泄造成的下切河道，造成洪水归槽的演变过程情况，导致河滩漫流变成河道槽流的控制要素变量，水沙要素的系列变化对湿地及重要物种产生的影响。

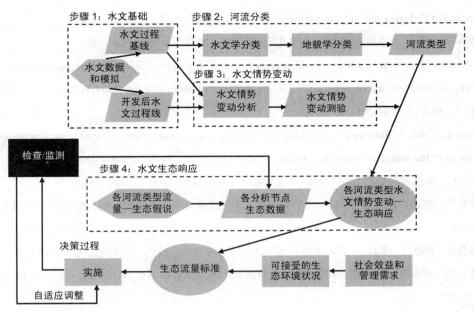

图5　河流水文变动—生态响应的 ELOHA 构建框架[23]*

（3）基于上述两方面研究，可为设计适宜的水库下泄生态流量及确定控制流量过程，维持河流湿地生态系统健康提供重要的生态水文学基础；通过适宜性生态环境管理，调整最佳工程生态修复技术。研究工程建设在采取了最优工程与非工程减缓影响措施之后，黄河小北干流湿地—栖息地及其生物多样性程度是否满足可持续发展战略的要求。

参考文献

[1]　Vannote R L. The river continuum concept[J]. Canadian Journal of Fisheries and Aquatic Sciences，1980，37：130-137.

[2]　Ward J V，Stanford J A. The serial discontinuity concept of lotic ecosystem[C]// Fontaine T D，Bartell S M. Dynamics of Lotic Ecosystems. Ann Arbor：Ann Arbor Science Publishers，1983：29-42.

[3]　Ward J V. The Four-dimensional nature of lotic ecosystem[J]. Journal of the North American Benthological Society，1989，8（1）：2-8.

[4]　Junk J W，Bayley P B，Sparks R E. The flood pulse concept in river-floodplain system[J]. Canadian

---

*：ELOHA 认为水文情势变化是生态响应的首要驱动因素，同类型河流的水文情势变动-生态响应关系相似，在依据河流水文特征对河流进行分类的基础上，通过对比分析，研究目标开发前后水文情势变化率，确定现状与历史自然基准的水文特征偏离度，并依据汇总的水文情势变动条件下河流生态响应状况，构建的一套生态指标以反映水文情势变动—生态响应关系。

Journal of Fisheries and Aquatic Sciences，1989，106：110-127.

[5] 董哲仁，张晶. 洪水脉冲的生态效应[J]. 水利学报，2009，40（3）：281-288.

[6] Poff N L，Zimmerman J K H，Arthington A H，et al. Ecological responses to altered flow regimes：a literature review to inform the science and management of environmental flows[J]. Freshwater Biology，2010，55（1）：194-205.

[7] Allan C，Curtis A，Stankey G，et al. Adaptive management and watersheds：a social science perspective[J]. Journal of the American Water Resources Association，2008，44（1）：166-174.

[8] 赵海祥. 山西黄河小北干流志[M]. 郑州：黄河水利出版社，2002.

[9] 李军华，张清，江恩惠，等. 2017年黄河小北干流"揭河底"现象分析[J]. 人民黄河，2017（12）：31-33.

[10] 郭贵丽，李晓飞，谭胜兵，等. 黄河小北干流河段河势变化分析[J]. 中国防汛抗旱，2014（4）：65-67.

[11] 赵文强，郭东龙，尚强强. 山西运城湿地自然保护区鸟类资源调查[J]. 山西农业科学，2016（3）：372-377.

[12] 董荣. 陕西省黄河中游湿地冬季鸟类群落结构与栖息地选择的研究[D]. 西安：陕西师范大学，2010.

[13] 关燕雯，程铁锁，王保星. 对陕西黄河湿地生态旅游开发的思考[J]. 防护林科技，2016（12）：57-58.

[14] 何冰，程铁锁，王保星. 陕西黄河湿地鸟类种群结构变化分析[C]//第三届中国湿地文化节暨东营国际湿地保护交流会议，2013.

[15] 黄海津，陈明栋，牛万芬，等. 澜沧江曼厅河段应对清水冲刷的模拟研究[J]. 科学技术与工程，2016，16（21）：317-321.

[16] 姚文艺，常温花，夏修杰. 黄河下游游荡性河段清水下泄期河道断面形态的调整过程[J]. 水利学报，2003（10）：75-80.

[17] 张柏英，李一兵. 枢纽下游河床极限冲刷及水位降落研究进展[J]. 水道港口，2009（2）：31-37.

[18] 马沛森，张连胜，周文，等. 黄河下游河流动力地质作用[J]. 人民黄河，2011（6）：13-14.

[19] 冯李驹. 渭河下游河道近期冲淤变化分析[J]. 陕西水利，2015（5）：152-154.

[20] 李强. 三峡工程运用后长江南京河段水沙、河道情势变化研究[C]//南京市青年学术年会. 南京市科协，2014.

[21] 李明，胡春宏，方春明. 三峡水库坝下游河道断面形态调整模式与机理研究[J]. 水利学报，2018，49（12）：1439-1450.

[22] 林秀芝，董晨燕，苏林山，等. 黄河小北干流冲淤与水沙响应关系分析[J]. 人民黄河，2019，41（5）：5-8.

[23] 葛怀凤. 基于生态—水文响应机制的大坝下游生态保护适应性管理研究[D]. 北京：中国水利水电科学研究院，2013.

黄河上游水电开发与生态环境保护

周　恒[1]　牛　乐[1]　寇晓梅[1]　张乃畅[1]　吕彬彬[2]

（1. 中国电建集团西北勘测设计研究院有限公司，西安 710065；

2. 陕西格林维泽环保技术服务有限公司，西安 710086）

摘　要：为从黄河上游角度总体提出一些今后水电开发生态环境保护的工作思路，本文通过梳理黄河上游 60 多年水电梯级开发历程，分析了水电开发的主要生态环境影响和局部河段生态系统改变特征，考虑不同历史时期背景下，水电站环评工作的要求和各水电梯级开发所采取的生态环境保护措施，结合国家及地方采取的生态环境保护对策，对黄河上游水电开发提出了制订生态环境保护规划、开展环境综合监测及环保措施适应性管理、实施干支流协同保护、进行生态补偿机制研究等工作方向。

关键词：黄河上游；水电开发；生态环境保护

1　黄河上游流域概况

黄河流域面积 75.2 万 km²，河长 5 464 km，年径流量 580 亿 m³，为我国第二大水系。黄河干流按流域特点划分为上、中、下游 3 个河段，其中源头至内蒙古托克托县河口镇为黄河上游河段，全长为 3 472 km，流域面积为 38.6 万 km²。

青海省玛多县以上属黄河河源段，该段内的扎陵湖、鄂陵湖海拔高程在 4 260 m 以上，蓄水量分别为 47 亿 m³ 和 108 亿 m³，是我国最大的高原淡水湖；玛多县至龙羊峡段，黄河先流经巴颜喀拉山与阿尼玛卿山之间的盆地和中低山丘陵，大部分河段河谷较开阔，间有几段峡谷，之后从玛曲以下河段逐渐进入峡谷区；龙羊峡至宁夏青铜峡段，黄河川峡相间，峡谷落差集中，川地地势平坦，是水力资源最丰富的河段；青铜峡至河口镇段，

作者简介：周恒（1970—），男，甘肃靖远人，正高级工程师，主要从事水利水电工程设计及科研工作。E-mail：124897195@qq.com。

黄河流经宁蒙平原，河道较宽，比降平缓。

黄河上游龙羊峡以上河段是黄河径流的主要来源区，地表水径流量占黄河地表水总量的 38.4%，该地区海拔较高，生态环境相对脆弱；龙羊峡至兰州河段河道落差集中，人类活动频繁，植被稀少，沿河以人工植被为主；兰州至河口镇河段，气候干燥、降雨量少，多沙漠和干旱草原。

黄河龙羊峡以上地区以畜牧业为主，是青海、甘肃两省的主要牧区；龙羊峡以下黄河谷地地势开阔，气候条件相对较好，人口密集，是青海、甘肃两省的主要农业区；宁蒙平原属荒漠和半荒漠地区，但得益于黄河水灌溉，已成为较大的农灌区。

2 黄河上游水电开发概况

黄河上游的水电工程建设分不同历史时期、不同河段，开发时间较早、开发程度较高的河段为龙羊峡以下河段，水电梯级开发主要集中于龙羊峡至乌金峡河段；开发时间较晚、开发程度较低的河段主要为龙羊峡以上河段。

2.1 龙羊峡以下河段

1954 年，黄河规划委员会提出了《黄河综合利用规划技术经济报告》，根据该规划，黄河上游相继开工建设了刘家峡、盐锅峡、八盘峡、青铜峡等水电站。1983 年 4 月，《黄河干流龙羊峡—青铜峡河段梯级开发规划报告》对龙青河段规划布置了 15 个梯级，自上而下分别为：龙羊峡、拉西瓦、李家峡、公伯峡、积石峡、寺沟峡、刘家峡、盐锅峡、八盘峡、小峡、大峡、乌金峡、小观音、大柳树、青铜峡。1989 年 2 月，《甘肃省兰州市黄河八盘峡—柴家峡河段补充规划报告》又对八盘峡至柴家峡补充布置了河口、柴家峡 2 个梯级。1990 年，《黄河龙羊峡—刘家峡河段中型水电站规划报告》补充规划布置了 7 个梯级，即尼那、山坪、直岗拉卡、康扬、苏只、黄丰、大河家。

截至 1990 年，黄河龙羊峡至青铜峡河段除黑山峡河段外，水电梯级布置格局基本形成，该河段的水电梯级大部分已建成（除山坪梯级及黑山峡河段）。另外在青铜峡水电站上游和下游还分别修建了沙坡头、海勃湾、三盛公 3 个水利枢纽工程。

2.2 龙羊峡以上河段

黄河龙羊峡以上河段分为两段进行了规划设计，即湖口至尔多河段（1 256 km）和茨哈至羊曲河段（161 km）。2002 年，国家发展计划委员会批复了茨哈至羊曲河段水电规划，河段布置茨哈、班多、羊曲 3 个水电梯级，之后由于涉及三江源自然保护区问题，开发方式历经调整，目前仍为茨哈峡、班多、羊曲 3 个水电梯级的格局。2015 年 12 月，国家发展改革委员会批复了湖口至尔多河段水电规划，推荐玛尔挡水电站作为近期实施梯级，首曲、宁木特、尔多作为后续研究梯级。

目前，龙羊峡以上河段已建成班多水电站，玛尔挡水电站、羊曲水电站尚未建成。另外，鄂陵湖湖口于20世纪90年代建设黄河源电站一座，地方政府正在组织拆除。

2.3　小结

综上，黄河上游目前已建水电梯级22座，即班多、龙羊峡、拉西瓦、尼那、李家峡、直岗拉卡、康扬、公伯峡、苏只、黄丰、积石峡、大河家、炳灵、刘家峡、盐锅峡、八盘峡、河口、柴家峡、小峡、大峡、乌金峡、青铜峡，总装机容量1 543万kW，年均发电量约480亿kW·h；在建水电梯级2座，即玛尔挡、羊曲，总装机容量340万kW；规划水电梯级5座，即首曲、宁木特、尔多、茨哈峡、山坪，总装机容量437.5万kW；正在规划论证中的河段为黑山峡河段，全长约200 km；已建水利枢纽3座，即沙坡头、海勃湾、三盛公。

3　黄河上游水电开发主要生态环境影响

3.1　对鱼类的影响

水电开发对鱼类的影响主要体现在河流形态变化、河流连通性变化、水文水温情势改变等对河流原有土著鱼类组成与分布造成的影响。

龙羊峡以上河段目前只建成班多水电站，玛尔挡水电站、羊曲水电站还未建成，大部分河段没有开发，仍维持天然河流状态，未对土著鱼类造成明显影响。龙羊峡至刘家峡河段已建13座水电站，受水库淹没影响，浅滩、深潭、急流、缓流相间的多样性河流形态大幅减少，从流水生境转变为湖库生境，河段生境片段化[1]。大部分水电梯级首尾相接，对河段鱼类形成阻隔效应。水电调峰运行造成的下游河道水位变化，天然水文情势改变[2]，高坝大库引起的低温水效应也对鱼类繁殖造成不利影响。另外，水库形成后地方渔业养殖产业的兴起，间接造成了外来物种入侵影响，如龙羊峡、李家峡水库的虹鳟等[3]。刘家峡至乌金峡河段以中型电站为主，已建7座水电站，为人口稠密、工业发达地区，对土著鱼类的影响因素已不单纯是水电开发，如北方铜鱼从1970年开始，由于河水污染和滥捕，数量急剧减少[1]。乌金峡以下河段总体开发程度较低，水电开发未对土著鱼类造成较大影响。根据黄河上游不同时期鱼类调查资料，主要土著鱼类历史及现状分布变化情况见表1。

表 1　黄河上游主要土著鱼类分布变化情况

鱼类名称	分布时段	龙羊峡以上河段	龙羊峡至刘家峡河段	刘家峡至乌金峡河段	乌金峡以下河段
花斑裸鲤	历史分布	+++	+++	++（兰州以上）	
	现状分布	+++	+++	+（兰州以上）	
骨唇黄河鱼	历史分布	+++	+		
	现状分布	++			
极边扁咽齿鱼	历史分布	+++	++		
	现状分布	+++			
厚唇裸重唇鱼	历史分布	++	++	+（兰州以上）	
	现状分布	++	+		
黄河裸裂尻鱼	历史分布	+++	+++	++（兰州以上）	
	现状分布	+++	+		
拟鲶高原鳅	历史分布	+++	+++	++	
	现状分布	+++	++	+	
北方铜鱼	历史分布		++	+++	+++
	现状分布				
黄河雅罗鱼	历史分布		++	+++	++
	现状分布			+	+
兰州鲇	历史分布		++	+++	+++
	现状分布		+	+	++

注："+++"代表分布数量较多；"++"代表分布数量一般；"+"代表分布数量较少。

3.2　对陆生动植物的影响

　　龙羊峡以上河段目前开发程度较低，尚未对陆生动植物造成较大影响。龙羊峡以下河段各已建水电梯级占地区、淹没区多位于黄河干流沿岸村落附近，人为活动频繁，多分布适应性强、抗逆性强、分布范围广泛的植物种类，已建梯级开发过程中未发现珍稀保护及特有植物分布。随着电站施工迹地区植被恢复，黄河沿岸相关林地保护政策实施，区域城乡绿化等的实施，景观植物不断增加，植物多样性增加。

　　水电梯级开发造成黄河沿岸野生动物种类数量以及分布格局发生一定变化，电站淹没区域，静水型两栖类、鸟类个体数量增加；林栖型鸟类迁移至周边林地灌丛等生境生活；猛禽由于活动范围广，适宜生境较多，水电开发对其影响较小；大型兽类向远离人类干扰范围的区域迁移；小型兽类由于水库淹没，分布区上移，但其分布范围广、食物来源广，种类和数量因人类活动区域增加而增加。

3.3　局部河段生态系统变化

梯级水电站开发之后，在大型水库库尾区域或中型水库整个库区区域形成了比天然河流更大的湿地生态系统，这些湿地受淡水水生生态系统与库岸陆地生态系统交替控制、相互影响，具有水陆交错的特点。

龙羊峡水库蓄水调节，使下游河川径流量在年际分配上趋于均匀化，使沿岸一带的沼泽、洼地保持一定水深，供给了湿地稳定的淡水来源。李家峡水库蓄水后，库尾湿地面积进一步扩大。2007 年，林业部门依托李家峡库尾河段建立了青海贵德黄河清国家湿地公园。另外，地方政府还依托刘家峡库区、盐锅峡库区、八盘峡库区建立了甘肃黄河三峡湿地自然保护区，依托青铜峡库区建立了青铜峡库区湿地自然保护区。这些库尾（或河道型水库）湿地生态系统相对于原河流生态系统，在生物物种组成方面发生了一定的变化，由于湿地面积扩大，所支撑的生物量更大，除水生生物物种外，两栖动物、涉水鸟类数量增加。新形成的湿地生态系统在稳定区域生态环境、提供生态服务功能、减轻水质污染等方面发挥了作用。如甘肃黄河三峡湿地自然保护区已是黄河中上游最大的湿地，是西伯利亚通往中亚和澳大利亚地区、两条全球候鸟迁徙路线上一个重要的栖息停歇地，已成为我国西北干旱地区和黄河中上游的一道重要生态屏障[2]。

4　黄河上游水电开发生态环境保护措施

4.1　水电规划及水电工程环境影响评价要求

在规划环评层面，龙羊峡以下河段开发时间较早，未系统开展过规划环评工作。龙羊峡以上河段分为湖口至尔多河段（1 256 km）和茨哈至羊曲河段（161 km）两段开展了规划环评工作。湖口至尔多河段水电规划环评报告于 2015 年通过环境保护部审查，规划环评通过优化梯级布置格局，保留了 988 km 河段不开发，占规划河段长度的 79%。生态环境部于 2018 年对茨哈至羊曲河段水电开发环境影响回顾评价报告出具意见，对已建班多水电站、拟建羊曲水电站提出了具体的环境保护要求。

在单项工程环评层面，黄河上游水电梯级除开发时间较早的龙羊峡、刘家峡、盐锅峡、八盘峡、青铜峡外，均编制了环境影响评价技术文件并通过了生态环境部门的审批。由于大部分水电站开发时间较早，处于我国环境影响评价制度形成的初期，对水电生态环境影响认识还不全面，早期的环评批复多关注施工期的环境影响，如水质保护、水土流失防治等。2002 年以后随着对鱼类保护措施的重视，鱼类增殖放流作为鱼类资源补偿的措施首先出现于环评批复中。之后，随着水电开发生态环境保护理念的不断发展完善，水电环评批复在鱼类栖息地保护、过鱼措施、生态流量保障措施等方面提出了更多的要求（图1）。

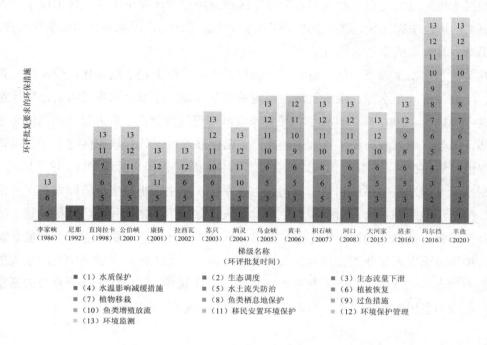

图1 不同历史时期环评批复要求变化情况

4.2 已建水电站主要生态环境保护措施实施情况

黄河上游各已建水电梯级基本上按照环境影响评价批复的要求，落实了各项生态环境保护措施。

在陆生生态保护措施方面，2000年以前修建的水电站重点关注的是施工扰动区域，措施以弃渣场、料场、施工道路等的水土保持措施为主。2000年，《国务院关于进一步推进全国绿色通道建设的通知》要求水利水电项目做好库区周边的绿化工作。除常规水土保持措施外，各水电梯级多选择水库淹没线以上，在地形条件许可的范围，建设防风固沙水保林。对于在陆生生态环境敏感区域修建的水电站，如积石峡水电站涉及孟达国家级自然保护区实验区，在对外公路改线过程中采取优化线路的方法，避让了保护区的重点保护植物。

在水生生态保护措施方面，由于黄河上游水电梯级总体开发时间较早，特别是大型水电站建设较早，受限于当时对鱼类保护的认识，未采取具体的鱼类保护措施。2002年以后，随着国家及行业对鱼类保护工作逐渐重视，水电站建设过程中开始采取针对性的保护措施。黄河上游已建梯级电站目前采取的鱼类保护措施主要为鱼类增殖站,龙羊峡至刘家峡河段已建鱼类增殖站 4 座,即苏只水电站、积石峡水电站、大河家水电站和炳灵水电站鱼类增殖站;刘家峡至乌金峡河段目前已建鱼类增殖站 2 座,即河口水电站、乌金峡水电站鱼类增殖站。鱼类增殖站在保护黄河特有鱼类和生态系统的稳定性方面发挥了重要的作用[6],但因建设时序、从属关系等原因,鱼类增殖站分布不均匀,如龙羊峡水电站至黄丰水电站约 302 km 河段仅建有 1 座鱼类增殖站;黄丰水电站至刘家峡水电站约 118 km 河段则建有 3 座鱼类增殖站。目前,黄河上游水电站鱼类增殖站繁殖成功的土著鱼类主要为花斑裸鲤、黄河裸裂尻鱼、极边扁咽齿鱼[7]。龙羊峡以上河段已建的班多水电站正在补建右岸鱼道。近期建设的玛尔挡水电站、羊曲水电站均考虑了鱼类栖息地保护、过鱼措施、增殖放流等较为全面的鱼类保护措施。

4.3　国家及地方政府采取的环境保护措施

国家及地方政府在黄河上游区域采取的环境保护对策措施,间接促进了水电开发河段的环境保护工作。

4.3.1　自然保护区等保护性区域的建立

据统计,国家及地方政府有关部门相继在黄河上游干流水域、沿岸或近岸,建立国家级自然保护区 4 个,省级自然保护区 7 个;建立国家级湿地公园 4 个;建立国家级森林公园 3 个,省级森林公园 3 个;建立国家级水产种质资源保护区 8 个,省级水产种质资源保护区 1 个;建立国家级地质公园 5 个。这些保护性区域建立之后,通过管理、修复、补偿等手段,有效地保护了黄河上游的自然生态系统、野生动植物、土著鱼类或独特自然景观。

4.3.2　土著鱼类保护

黄河上游主要涉及的青海省、甘肃省、宁夏回族自治区、内蒙古自治区均在黄河沿岸各市(县)定期开展鱼类增殖放流活动,放流的土著鱼类有花斑裸鲤、黄河裸裂尻鱼、极边扁咽齿鱼、兰州鲇等,有效地补充了黄河上游土著鱼类资源。同时,沿黄河各省、自治区不断加强渔政管理工作,在禁渔保护、打击非法捕捞、鱼类保护宣传等方面取得了一定的成效。

4.3.3　河湖连通性恢复

黄河源水电站位于鄂陵湖出口,于 1998 年 4 月 8 日开工兴建,当时是为了解决玛多县无电的困扰。2016 年,国家电网落地玛多县,为进一步保护生态环境,恢复黄河干流和鄂陵湖、扎陵湖连通性，青海省决定拆除黄河源水电站。拆除工作于 2017 年启动，已经完成综合评估和论证，正有序开展。

5 今后生态环境保护工作思考

5.1 黄河上游水电开发生态环境保护规划

河流生态系统具有整体性和连续性的特征，黄河上游尤其是水电资源集中的河段应作为整体进行考虑，系统谋划生态环境保护方案。特别是在黄河流域生态保护和高质量发展已成为国家战略的时代背景下，应从黄河上游全局考虑环境治理问题，以即将出台的《黄河流域生态保护和高质量发展规划纲要》为总体指导，制定黄河上游水电开发生态环境保护规划。

龙羊峡以上河段开发程度较低，生态环境相对脆弱，应以预防保护为主。水电规划环境影响评价及河流水电规划已经基本确定了龙羊峡以上河段的开发利用和保护格局。生态环境保护规划应考虑水电规划环评、水电工程环评的相关要求，同时结合国家、地方相关生态保护规划，重点针对水电规划保留河段制订生态环境保护或修复措施，对水电开发河段提出流域层面的生态环境保护要求。

龙羊峡至乌金峡河段水电梯级集中，且开发时间较早，应以生态修复为主，逐步提升河段生态环境状况。通过调查、评估，制定生态修复规划，包括统筹鱼类增放流措施、关键河段河流连通性恢复措施、梯级联合生态调度、外来物种综合治理、水土流失严重区域治理、重要湿地生境修复措施等。

乌金峡以下河段开发程度较低，水电资源主要集中于黑山峡河段。应结合水电规划环评工作，充分考虑水电梯级生态环境影响，从流域层面确定生态环境保护重要河段，提出保护对策。

5.2 黄河上游水电梯级环境综合监测及环保措施适应性管理

黄河上游水电梯级大规模开发高峰时期已过，可以看出由于大部分梯级开发时间较早，对水电工程环境影响认识、环境保护措施制订方面存在历史局限性，需要采取长期监测及管理手段，一方面对已建梯级环保措施进行完善，另一方面对今后新建梯级环保措施进行不断提升调整。开展黄河上游水电梯级环境综合监测及环保措施适应性管理工作，可有效掌握水电梯级群总体的生态环境影响，制订流域层面的环境保护对策，科学分析环境保护问题，并不断优化水电梯级环境保护措施。工作重点是监测各水电梯级水质、水温、生态流量等数据，监测重点河段水生生态、陆生生态环境状况，监测重要湿地生态健康状况，实时掌握各水电梯级环境保护措施运行情况及运行效果。可积极运用大数据、物联网等信息化手段，进一步保证工作质量和效率，为流域生态环境的可持续发展研究提供支持[8]。

5.3 黄河上游干支流协同保护

黄河上游汇入的较大支流（流域面积 1 000 km² 以上）有 43 条，由于支流特别是支流河口区域与干流在生态环境方面具有相似性，有必要在开展干流生态环境保护的同时，同步开展支流保护工作。目前，黄河上游玛曲县以上河段的支流比降小，水力资源及开发程度都不高。玛曲县以下河段的较大支流如泽曲河、曲什安河、隆务河、大夏河、洮河、湟水河等均进行了水电梯级开发。如能充分调查评估支流生态环境状况，分析水利水电开发等工程生态环境影响，进行支流生态修复，将对干流生态环境保护起到较好的补充作用。

5.4 黄河上游水电开发生态补偿机制研究

水电开发生态补偿机制研究主要包括抑损补偿和增益补偿两个方面[9]。

抑损补偿主要对水电站的不利环境影响进行生态补偿，由于黄河上游大部分水电梯级已经建成，除关注受水电站直接影响的生态系统生态补偿外，还应研究在河流纵向范围，已开发梯级河段对保留河段进行的生态补偿；研究在河流横向范围，干流水电工程对支流保护河段进行的生态补偿。生态补偿资金除直接用于补偿生态功能损失外，还用于保留河段或支流的生态环境保护、修复以及生态环境保护产业发展。

增益补偿主要是对水电企业的生态保护行为进行激励。可研究黄河上游绿色水电评估标准，对符合绿色水电要求的水电站实施电价补偿或政府直接补贴，水电企业可利用增益补偿后的利润空间，再服务于流域层面的抑损补偿中，实现良性循环。

参考文献

[1] 张建军，冯慧，李科社，等. 黄河上游龙羊峡至刘家峡河段梯级水电站建设后鱼类资源变化[J]. 淡水渔业，2009，39（3）：40-45.

[2] 林梦然，董增川，贾一飞. 龙羊峡水库对坝下河段生态水文情势影响研究[J]. 人民黄河，2019，41（3）：69-73，78.

[3] 唐文家，申志新，简生龙. 青海省黄河珍稀濒危鱼类及保护对策[J]. 水利渔业，2006，26（1）：57-60.

[4] 赵海鹏，李莉，张莉，等. 北方铜鱼[J]. 中国水产，2014（3）：79-80.

[5] 张燕，魏祎梅，魏茂宏，等. 甘肃黄河三峡湿地资源调查[J]. 草业科学，2016，33（8）：1509-1517.

[6] 潘斌，黄应胤，申志新. 黄河公伯峡至积石峡段的鱼类保护[J]. 水力发电，2011，37（11）：9-11.

[7] 简生龙. 青海黄河上游水电站建设对鱼类资源影响及保护对策[J]. 青海农林科技，2012（2）：44-46.

[8] 王充实，赵越，黄元佳，等. 运用智慧手段打造流域水电运行期综合环境监测体系的设想[J]. 大电机技术，2018（6）：84-86.

[9] 金弈，张轶超，谭奇林. 水电工程生态补偿机制研究[J]. 环境影响评价，2015，37（3）：45-48.

新形势下黄河流域鱼类资源保护对策探讨

张建军[1]　吕彬彬[2]　王晓臣[2]　邢娟娟[2]　李　丹[2]　任胜杰[2]　王彩宁[2]　李振兴[3]

（1. 中国水产科学研究院黄河水产研究所，西安 710068；

2. 陕西格林维泽环保技术服务有限公司，西安 710065；3. 临沂大学，临沂 276000）

摘　要：在黄河流域生态保护和高质量发展的背景下，本文初步梳理了黄河流域的历史鱼类资源状况，并结合近 10 年的鱼类资源现状调查成果，初步分析了黄河流域不同河段鱼类资源变动的主要原因；并针对黄河流域及不同河段提出了鱼类资源保护的思路及对策措施。以期为黄河流域鱼类生态保护及水生生态修复提供一定的参考。

关键词：黄河流域；鱼类资源；保护对策

黄河发源于青藏高原巴颜喀拉山北麓，穿越青藏高原、黄土高原、华北平原三大台阶，于山东省垦利和利津两县之间流入渤海。黄河是中国第二大河流，黄河流域的特点是流域长，泥沙含量高，水资源相对较少，水资源年内分布不均，黄河中下游河流为天然游荡型河流，黄河流域人口较多，资源利用需求大，河流开发强度大。干流全长 5 464 km，流域面积 79.5 万 km^2[1-6]。黄河支流众多，兰州以上主要支流有主要有白河、黑河、隆务河、湟水，兰州以下有祖厉河、清水河、大黑河、窟野河、无定河、汾河、渭河、洛河、沁河、大汶河等[7]。

黄河河川径流大部分来自兰州以上，年径流量占全河的 61.7%[8-10]。黄河流域水生生物生境变化较大，由于黄河流经青藏高原、黄土高原、华北平原 3 个不同的生态环境区域，孕育了相对独特的水生生物物种，特有鱼类物种相对较多。由于气候条件、水资源分布和地理环境的制约，水生生物栖息地相对狭窄，水生态环境敏感，土著鱼类资源种类数量不是很大。根据黄河流域鱼类区划，将河源至贵德河段划分为黄河上游，贵德河段至孟津河段划分为黄河中游，孟津以下河段为黄河下游[11,12]。

作者简介：张建军（1961—），男，陕西西安人，研究员，研究方向为鱼类资源保护与水生生态修复。E-mail：zhangjianjun1225@sina.com。

1 黄河流域鱼类资源

1.1 黄河流域历史鱼类资源

根据 20 世纪 80 年代的调查结果，黄河流域共记录鱼类 191 种和亚种，隶属于 15 目 31 科，其中以鲤科鱼类为主，共计 87 种，占 45.55%；鳅科鱼类 27 种，占 14.14%；淡水鱼类 141 种，占 73.82%；洄游型鱼类 27 种，占 14.14%；半咸水鱼类 23 种，占 12.04%。黄河上游记录鱼类 18 种，隶属于 1 目 2 科 9 属，均为土著种类，其中裂腹鱼亚科 6 种，高原鳅属 9 种，鮈亚科 2 种，雅罗鱼亚科 1 种；中游记录鱼类 7 目 8 科 94 种；下游记录鱼类共 15 目 27 科 112 种；河口记录鱼类 11 目 18 科 45 种[12]。

1.2 黄河流域现状鱼类资源

根据 2011 年黄河流域渔业资源管理委员会组织完成的黄河流域鱼类资源本底调查结果，黄河流域记录鱼类 130 种，其中黄河干流记录鱼类 112 种[13]。近 10 年在黄河流域共记录淡水鱼类 126 种，其中土著鱼类 109 种，隶属于 8 目 15 科 61 属；外来引进物种 5 目 9 科 11 属 16 种。在黄河上游记录 38 种，隶属于 3 目 5 科 22 属；黄河中游记录 6 目 11 科 53 属 98 种；黄河下游记录 6 目 13 科 46 属 61 种。

1.3 黄河流域鱼类资源变动

与 20 世纪 80 年代调查结果相比，淡水鱼类减少了 32 种，外来引进物种增加 17 种。黄河上游土著种新增 5 种高原鳅，新增外来物种 15 种；土著鱼类分布范围缩小鱼类 9 种，占黄河上游土著鱼类总种类数的 50%；分布范围缩小分为向上游萎缩和向下游萎缩两个方向，其中，厚唇裸重唇鱼、极边扁咽齿鱼、黄河裸裂尻鱼、骨唇黄河鱼 4 种土著鱼类向上游萎缩；刺鮈、黄河高原鳅、黄河鮈、拟鲶高原鳅、黄河雅罗鱼 5 种鱼类向下游萎缩；黄河雅罗鱼和黄河鮈 2 种鱼类已经退出黄河上游。在黄河中游贵德至孟津河段北方铜鱼、黄河雅罗鱼、刺鮈、圆筒吻鮈、铜鱼、平鳍鳅鮀、大鼻吻鮈 7 种鱼类源量严重衰退甚至多年未见，多为黄河特有鱼类；秦岭细鳞鲑、骨唇黄河鱼、极边扁咽齿鱼、厚唇裸重唇鱼、黄河鮈、黄河裸裂尻鱼、红鳍原鲌、青鱼、翘嘴鲌、中华细鲫、黄尾鲴、拟鲶高原鳅、黄河高原鳅、兰州鲇 14 种鱼类资源量衰退较为显著，多种鱼类具有生殖洄游习性。黄河下游有 22 种鱼类已难以捕获，土著种类明显减少，消失种类中有 12 种产漂流性或漂浮性卵，占 54.5%；青鱼、瓦氏雅罗鱼、蒙古红鲌、红鳍鲌、青鳉、团头鲂、鲢、鳙、刺鳅、圆尾斗鱼 10 种鱼类资源量衰退较为显著。

2 造成黄河流域水生态环境恶化和土著鱼类资源衰退的原因

2.1 黄河上游鱼类资源变化的原因

2.1.1 河湖连通阻断

黄河上游已建在建水电站 7 座，生境逐渐被割裂、萎缩，已建梯级电站均未考虑河流连通性问题，河流阻隔问题越来越严重。2019 年调查结果显示，黄河源坝址上下游河段鱼类组成基本一致，但渔获物规格有较大差异，下游河段鱼类繁殖期明显晚于湖区；每年繁殖期在泄水口可见大量洄游鱼类，部分鱼类因无法洄游死亡。已退出的黄河雅罗鱼产沉黏性卵，有短距离洄游习性，梯级大坝和电站运行导致无法完成繁殖活动；黄河鮈产漂流性卵，阻隔导致其洄游通道消失。黄河上游退出种类均为温水性鱼类。

2.1.2 水文情势变化

水电站运行期的显著特点就是水文情势发生明显改变，根据 2019—2020 年的监测结果，部分河段受到上游高坝大库水电站运行影响显著，水位变幅剧烈，例如，拉西瓦坝下泄水位在 3—6 月水位在 2 236.72～2 239.48 m 变动，日内逐时变幅达 2 m，上下游鱼类繁殖生境基本消失。

2.1.3 下泄低温水

2018 年贵德站全年水温在 4.1～14.2℃，且全年较高水温大多出现在 9—11 月（高于 10℃），其他月份水温均低于 10℃。2020 年 5 月底（繁殖期）实测贵德断面水温 7.1℃，上游未开发河段在繁殖期水温在 11℃左右，较贵德河段高约 3℃。开发河段鱼类繁殖推迟约 2 个月。

2.1.4 外来物种入侵

黄河上游外来物种明显增加，新增外来种 15 种，占黄河上游现状鱼类种类数的 39.5%，可分为内因和外因两个因素，内因是水电工程开发后库区浅水、静水水域增加，为其提供了繁殖适宜的水温和生境条件，外因是人为活动的养殖和放生。例如，龙羊峡水库池沼公鱼、西太公鱼已成为库区优势种群，对土著鱼类花斑裸鲤、拟鲶高原鳅、黄河裸裂尻等造成不利影响。虹鳟等凶猛性鱼类的引入，在局部河段严重威胁土著鱼类种群的稳定。

2.2 黄河中游鱼类资源变化的原因

2.2.1 河流连通性中断，水文情势改变

贵德至孟津的黄河干流修建水利水电工程 26 座，河流纵向连通性中断，无任何过鱼设施。鱼类洄游通道中断，库区蓄水淹没和坝下生境条件剧烈改变，鱼类原有的产卵场生境条件消失。库区及下游水位变动频繁，很难形成大规模产卵生境。在支流生境小水电下泄生态流量不能满足河道正常生态用水需求，引起河道脱流、断流；水景观工程建设的各类水坝对于河流连通性造成阻隔[14-16]。

2.2.2 下泄低温水

下泄的低温水对河流生态产生严重影响，其影响范围远大于模型计算的河流长度，并对鱼类等水生生物繁衍造成不同程度的影响[17,18]。2019 年 9 月实测李家峡至青铜峡河段水温（图 1）均低于 19℃，2020 年 5—6 月实测靖远和中卫河段水温（图 2）不超过 16℃，低温水导致鱼类繁殖期推迟，受低温水影响，裂腹鱼类和高原鳅鱼类繁殖时间推迟 2 个月左右，到 8 月底尚能监测到鱼类受精卵和出膜鱼苗。

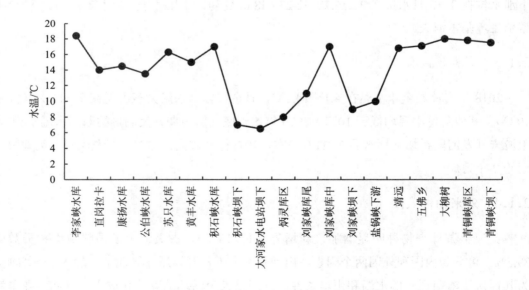

图 1 2019 年 9 月李家峡至青铜峡河段实测水温

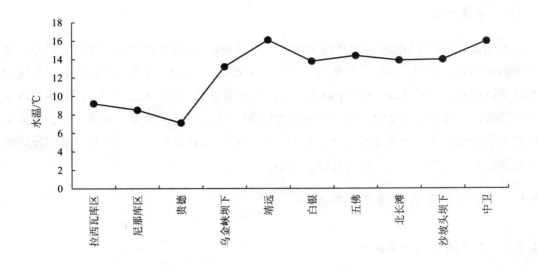

图 2　2020 年 5—6 月拉西瓦至中卫河段实测水温

2.2.3　水资源利用过大

黄河流域水资源总量 580 亿 m^3，沿程超指标使用现象严重，黄河水资源相对较少，水资源年内分布不均，黄河流域人口较多，资源利用需求大，河流开发强度大，按照国务院"87 分水方案"，黄河流域沿程 11 个省市从黄河调水 370 亿 m^3，占黄河总水量的 63.79%，其中中游耗水量约占总耗水量的 62.2%，占多年平均流量的 40%。目前，黄河流域水资源处于超指标使用状态。

2.2.4　泥沙含量大

黄河流域水系最大的特点就是水资源总量较小，含沙量大（多年平均入河泥沙量为 16 亿 m^3），而泥沙来源主要集中在黄河上中游兰州到三门峡河段。大量泥沙沉积，造成水库库区堆积，库容下降，库尾水位抬升。黄河干流河道由于泥沙淤积，河堤抬升，形成地上悬河[19]。当水体泥沙含量达 30 kg/m^3 以上时容易造成鱼类死亡，且粒径为 0.15 mm 以下的细颗粒泥沙容易堵塞鱼鳃，泥沙颗粒越细则越容易堵塞鱼鳃，从而造成鱼类窒息死亡。

2.2.5　横向连通性受阻

沿河防洪大堤的建设一方面保障了人民的生命财产安全，另一方面也阻断了河流横向连通性，洪水期无法形成有效的河流漫滩生境，无法为鱼类繁殖提供必要的生境条件。

2.2.6 水体污染

黄河流域以占全国 2%的水资源承纳了全国约 6%的污废水和 7%的 COD 排放量。黄河干流和湟水、汾河、渭河、伊洛河、沁河等主要支流的 142 个水功能区中，全年达到水质目标的有 69 个，达标率仅有 48.59%。湟水西宁以下、汾河太原以下、渭河宝鸡以下等河段污染严重[20]。个别水污染严重超标的河段，水污染造成鱼类、底栖生物、浮游生物消失的现象存在，近年来通过生态治理，河流水质条件有所改善，但与《黄河流域综合规划》要求的指标相比，还存在较大差距。

2.3 黄河下游鱼类资源变化的原因

2.3.1 下游河段入河支流少

黄河下游河段，除了伊洛河、天然文岩渠、大汶河等有限的几条河流，没有支流汇入，黄河下游最大的附属水体是东平湖，由于在湖口建设了涵闸，东平湖作为山东向胶东半岛供水的水源地，南水北调东线工程建成后，东平湖作为东线工程水源的接纳湖泊，通过穿黄涵管增加了向河北、天津供水的任务。多年来，东平湖基本没有剩余水量注入黄河，河湖连通难以实现，鱼类资源的相互交流基本中断[21]。

2.3.2 水资源利用过大，超指标使用严重

每年调水 370 亿 m³，下游引水量占总引水量的 39.3%。入海生态流量减少，远小于入海生态流量的要求，对河口湿地和近海生境影响大；黄河下游兴建有向黄淮海平原地区供水的引黄涵闸 111 处，这些引水工程引水能力远大于黄河来水量的总和，同时大量的仔幼鱼随引水设施进入引水渠造成死亡。

2.3.3 调水调沙

黄河中下游调水调沙引发的鱼类和水生态环境影响，黄河平均每年来沙 16 亿 m³，主要泥沙产生地是黄土高原，大量泥沙随水流堆积在三门峡库区、小浪底库区和库尾缓流区河段，快速挤占水库库容，影响库区有效库容和工程使用寿命。历史上的水沙下泄过程是在 1 年或数年内逐步通过不同规模的洪水过程逐步推进，进入海区的，现在每年开展的调水调沙过程是用大洪水过程一次性将三门峡、小浪底库区的来沙冲入黄河下游河道，随水流进入海区；在库区静水条件下，泥沙沉积物中的有机质会在氧气条件不足的环境中逐渐发生厌氧分解，产生大量的甲烷、硫化氢、亚硝酸盐等有害物质，库区内底层水体氧气含量会随之下降到零，这种现象在池塘、湖泊是经常发生的。在调水调沙

过程中，大量库区泥沙等沉积物随水流下泄，水体中的泥沙、有机质和有害物质等含量过高，水体中氧气含量过低，造成三门峡、小浪底水库上下游河道和库区发生氧气含量极低的现象，鱼类进入这样的水体，很快发生缺氧浮头和中毒死亡，这样就形成了所谓的"流鱼"现象。这就是每年调水调沙时，河流两岸数百公里群众争相捞鱼场景出现的原因，"流鱼"现象发生时，现场检测的河流水中溶氧量为零，在"流鱼"现象发生的同时，鱼类、虾类、贝类、底栖动物物、浮游动物也同时发生"浮头"和死亡，对于河流生境和生物资源造成很大影响[22-24]。调水调沙除引发鱼类灾难外，目前黄河小浪底以下河段河道河槽底部平均下切 1.5～2 m，引起下游涵闸引水困难。

2.3.4　纵向横向连通性阻隔

河流天然岸线消失和河水流态改变，各种防洪大堤的建设制约了河流游荡性；河水流态改变，使河道内河汊、河网消失；防洪大堤建设使河流天然岸线缩短，鱼类适宜的天然栖息地生境，变成了人工生境。东平湖入黄口涵闸的建设，彻底阻断了湖区水体进入黄河的通道。

3　黄河流域土著鱼类保护对策

3.1　黄河流域已开展的保护措施

3.1.1　水生生物栖息地保护

目前，黄河流域建立了水生生物、内陆湿地自然保护区 58 处，总面积为 19.1 万 km^2，其中，国家级自然保护区 18 处，总面积为 16.91 万 km^2；国家级水产种质资源保护区 49 处，总面积为 2.19 万 km^2。保护对象覆盖大鲵、多鳞铲颌鱼、秦岭细鳞鲑和水獭等珍稀濒危水生生物和黄河流域的部分土著鱼类。水生态生境保护目前每年对河口湿地保护区补水 3 亿～6 亿 m^3。

3.1.2　增殖放流

目前，黄河流域建设并投入运行的以黄河土著鱼类为保护繁殖目标的鱼类增殖放流站 7 个，其中青海 2 个、甘肃 4 个、内蒙古 1 个，正在建设的土著鱼类增殖放流站 2 个。这些增殖放流站都位于黄河上游，目前可批量繁殖土著鱼类，并有效开展增殖放流的黄河土著鱼类有 3 种，分别是兰州鲇、花斑裸鲤、极边扁咽齿鱼[25]。针对国家二类保护鱼类秦岭细鳞鲑建设的鱼类增殖放流站有 2 个，甘肃、陕西各 1 个，每年增殖放流体长不低于 3 cm 的幼鱼不超过 5 万尾。

3.1.3 过鱼设施

鱼类洄游通道建设方面，目前黄河流域建设的鱼类洄游通道在干流上还未建成，在支流上建设的鱼类洄游通道有 3 个，其中甘肃 1 座、青海 2 座。黄河湖口电站目前停止发电，开闸泄水，为未来鄂陵湖、扎陵湖与黄河干流的生境连通创造了前提条件。

3.2 黄河流域亟须开展的保护措施

3.2.1 开展黄河流域天然栖息地和重点物种保护

（1）黄河源区高原湿地生态系统保护。

黄河源头区域包括甘肃玛曲至两湖（扎陵湖、鄂陵湖）源头区干支流和高原湖泊湿地，河长约 600 km，平均海拔在 3 300 m 以上，物种多为特有种，生态脆弱，是黄河上游重要水源涵养区。重点保护对象为花斑裸鲤、极边扁咽齿鱼、拟鲇高原鳅、厚唇裸重唇鱼、黄河裸裂尻鱼、骨唇黄河鱼、黄河高原鳅及高原河网湿地生态系统。

（2）黄河中游宁夏中卫—乌海段水生生物多样性保护。

重点保护栖息地为宁夏中卫、银川及石嘴山等黄河干流和沙湖、乌梁苏海等湖泊生态系统，重点保护对象包括北方铜鱼、大鼻吻鮈、兰州鲇、黄河鮈、黄河雅罗鱼等物种及其河道内沙洲、河湾、通河湖泊等重要生境。

（3）黄河中游小北干流水生生物多样性保护。

该区域是内蒙古托克托县至桃花峪黄河中游的唯一宽谷河段。本区是黄河中游水生生物重要栖息地，河谷宽阔，较大支流渭河、汾河等汇入，物种多样性较丰富，分布的鱼类种数占中游鱼类物种总数的 90% 以上。重点保护对象包括兰州鲇、北方铜鱼、大鼻吻鮈、黄河鲤、赤眼鳟、平鳍鳅鮀等物种，以及水生野生动物的产卵场和索饵场。

（4）秦岭北麓水生生物多样性保护。

该区域是黄河流域珍稀水生生物重要栖息地，溪流众多，多数溪流受人为影响小，生境良好，分布有大量珍稀濒危物种。本着"应保尽保"的原则并结合陆域生态保护，重点保护秦岭北麓溪流湿地生态系统及珍稀水生生物，保护对象包括大鲵、秦岭细鳞鲑、多鳞铲颌鱼、水獭等濒危珍稀物种及其生境。

（5）黄河下游水生生物多样性保护。

本区为冲积平原地上悬河河流生态系统，为黄河下游河段代表生境，河道宽阔，是下游鱼类的重要产卵场。重点保护对象为冲积平原河流、湖泊生态系统，溯河洄游鱼类鳗鲡、中华绒螯蟹、松江鲈鱼、刀鲚、北方铜鱼和"四大家鱼"洄游通道及其生境。

（6）黄河三角洲水生生物多样性保护。

黄河三角洲生态型独特，海河相会处形成大面积浅海滩涂和湿地，成为东北亚内陆和环西太平洋鸟类迁徙的重要"中转站"和越冬地、繁殖地，是丹顶鹤在我国越冬的最北界和世界稀有鸟类黑嘴鸥的重要繁殖地，分布有大量珍稀、濒危鸟类和多种水生生物，主要保护对象为河口湿地生态系统，洄游性鱼类及滨海水生生物、鸟类等珍稀濒危物种及其栖息地。

3.2.2　黄河流域土著鱼类栖息地和重要物种保护措施

（1）加强栖息地保护。

加强黄河中上游重要鱼类栖息地的保护，主要保护鄂陵湖、扎陵湖、星星海、玛多、达日、门唐、玛曲、拉家寺、大米川、尕玛羊曲、景泰、银川、包头、小北干流和三河口湿地和水生生态系统。在黄河下游，利用伊洛河、天然文岩渠、大汶河、东平湖等河流湖泊湿地，恢复鱼类产卵场和栖息地。加强黄河下游重要鱼类栖息地的保护，利用现有水利工程和天然滞洪区湖泊湿地，建设黄河下游调水调沙鱼类庇护所，实现河库连通，在蓄水的同时，兼做鱼类庇护所。

（2）实施珍稀、濒危物种抢救性保护。

对北方铜鱼、拟鲇高原鳅、骨唇黄河鱼、极边扁咽齿鱼、黄河雅罗鱼、大鼻吻鮈、黄河鮈、刺鮈、平鳍鳅鮀等9种濒危鱼类实施抢救性保护。

（3）严格重点水域用途。

将黄河鄂陵湖、扎陵湖、星星海以及龙羊峡以上干流及重要支流划为限制开发河段，其中吉迈以上及沙曲河口至玛曲河段禁止水电开发。将洮河禄曲源头、湟水干流海晏源头、大通河吴松他拉源头、汾河静乐源头、洛河洛南源头、伊河栾川源头、渭河渭源源头、沁河沁源源头、秦岭北坡入渭河支流源头，以及乌梁素海、东平湖湖区、黄河入海口三角洲湿地等划为限制开发河段，禁止不利于水生生物多样性保护的活动。同时，加强对黄河流域水利水电工程、挖沙采石、航道疏浚、城镇建设、岸线利用等涉水活动的规范化管理；坚持并不断完善禁渔区和禁渔期制度。

（4）开展生态修复。

恢复和完善黄河流域江河湖库水系连通，增加水流连通性，以自然河湖水系、大型调蓄工程和连通工程为依托，增强水体交换能力，提高河湖水环境承载能力和水环境自我修复能力。

在黄河上游源区段开展鄂陵湖、扎陵湖湖口水电站废除和河道连通性修复工作，修复两湖与黄河干流的水系天然连通；黄河干流龙羊峡至刘家峡河段开展过鱼设施建设；开展已建人工河流景观工程鱼类洄游通道建设；开展东平湖与黄河干流生态连通修复工程连通黄河干流与东平湖的水域通道；开展黄河下游河口三角洲湿地保护性修复工程；小浪底水库联合调度调水调沙上下游鱼类庇护所湿地保护修复工程。

（5）加强管理。

进一步强化和规范黄河流域增殖放流，严格禁止在未经生态安全评估的前提下，引进和开展非土著鱼类在天然水域的增殖。加强增殖放流基础性研究，科学计算增殖放流量，加强放流水域生态环境适应性、生态容量及放流品种、结构、数量、规格以及放流方法等研究，提出符合实际的增殖放流方案；完善增殖放流效果监测和评估机制，强化水利水电工程增殖放流的监管力度，抓好增殖放流配套管理，确保放流效果和质量，对于水利水电工程增殖放流设施建设、维护、运转、管理、增殖效果评估，采取业主终身负责，生态环境部门定期检查的机制，把增殖放流工作确实做好、做实。

（6）其他。

开展科学研究和实际监测相结合的生态流量确定方法；开展鱼类等水生生物重要栖息地保护制度；逐步取缔和规范黄河干支流、天然湖泊人工养殖网箱。

4 总结

黄河是中华民族的母亲河，天然禀赋是流域长，泥沙含量高，水资源相对较少，水资源年内分布不均，中下游河流为天然游荡型河流；流域人口较多，资源利用需求大，河流开发强度大；人为扰动使黄河流域原始自然生态系统发生了较大的变化，以鱼类为代表的河流水生生物资源受到不同程度的影响。新时期开展黄河流域生态保护，就是坚持"绿水青山就是金山银山"的生态理念，在全流域系统开展生态保护和修复规划，统筹划定原生态保护流域和河段；在水资源利用方面优先保证河流生态流量，加大水污染治理力度，坚持践行节水优先、生态与经济协同发展的理念。

加大黄河流域生态恢复和修复力度，积极开展水生生物资源保护，适度扩大保护物种保护地的划定范围；在流域范围内扩大禁渔制度建设；开展以生态保护为目标的鱼类洄游通道连通和河湖连通工程建设，打通水生生物洄游通道阻隔；在水生生物繁殖期，适时开展人工洪水泄放，促进鱼类洄游产卵；在各类涉河工程建设中，加大生态保护工程设计力度，尽量保留天然河流和湿地，积极开展水生生物人工天然繁殖场所的建设，为水生生物栖息留足生存空间；在黄河中下游，因地制宜地建设调水调沙鱼类等水生生物庇护场所；在生态敏感流域和河段，开展已建人工障碍设施退出拆除和恢复工作；严格限制非流域水生引进和放流，防止外来生物入侵。在流域范围内统筹开展水生生物物种常态化资源和生境监测工作和濒危物种科学研究工作，为土著水生生物和濒危物种人工增殖放流提供技术支撑。

通过各类保护工作的实施，黄河鱼类为代表的水生生态和生物物种会得到修复和恢复，黄河流域生态会有较大的改变。

参考文献

[1] 马秀锋. 黄河流域长度和面积新旧量算成果的比较说明[J]. 人民黄河，1979（2）：87-88.

[2] 李彩虹，于泉洲，宫雪，等.1980 年代以来黄河下游含沙量变化的遥感研究[J]. 环境科学与管理，2020，45（2）：165-170.

[3] 付晓双. 黄河下游水沙演变特性及对河口湿地生态环境的影响研究[D]. 郑州：华北水利水电大学，2017.

[4] 乔西现. 黄河水量统一调度回顾与展望[J]. 人民黄河，2019，41（9）：1-5，25.

[5] 武见，赵麦换，方洪斌，等. 黄河流域水量分配方案发展与展望[A]//河海大学、中国水利经济研究会、黑龙江省水利科学研究院. 2017 中国水资源高效利用与节水技术论坛论文集[C]. 河海大学、中国水利经济研究会、黑龙江省水利科学研究院：北京沃特咨询有限公司，2017：9.

[6] 刘昌明，田巍，刘小莽，等. 黄河近百年径流量变化分析与认识[J]. 人民黄河，2019，41（10）：11-15.

[7] 刘东旭，张萍，马志瑾，等. 黄河及其主要支流的河源界定[J]. 人民黄河，2018，40（12）：21-24，56.

[8] 杨玉霞，闫莉，韩艳利，等. 基于流域尺度的黄河水生态补偿机制[J]. 水资源保护，2020，36（6）：22-27，49.

[9] 张小兵，柳礼香.1998—2018 年黄河流域水资源变化特征研究[J]. 地下水，2020，42（5）：187-189，291.

[10] 党丽娟. 黄河流域水资源开发利用分析与评价[J]. 水资源开发与管理，2020（7）：33-40.

[11] 韩明轩. 黄河流域渔业资源调查及可持续利用研究[D]. 北京：中国农业科学院，2009.

[12] 黄河水系渔业资源调查协作组. 黄河水系渔业资源[M]. 沈阳：辽宁科学技术出版社，1986.

[13] 蔡文仙，张建军. 黄河流域鱼类图志[M]. 咸阳：西北农林科技大学出版社，2013.

[14] 洪欢. 黄河源干流梯级水电开发对河流形态及鱼类多样性的可能影响[D]. 昆明：云南大学，2016.

[15] 唐梅英，曹廷立，李海荣，等. 黄河龙羊峡以上干流梯级开发布局研究[J]. 人民黄河，2013，35（10）：17-19.

[16] 寇晓梅，牛天祥，黄玉胜，等. 黄河上游已建梯级电站的水环境累积效应[J]. 西北水电，2009（6）：11-14.

[17] 姜文婷，逄勇，陶美，等. 下泄低温水对下游水库水温的累积影响[J]. 水资源与水工程学报，2014，25（2）：111-117.

[18] 刘兰芬，陈凯麒，张士杰，等. 河流水电梯级开发水温累积影响研究[J]. 中国水利水电科学研究院学报，2007（3）：173-180.

[19] 水利部黄河水利委员会. 黄河泥沙公报[R]. 2006—2019.

[20] 水利部黄河水利委员会. 黄河水资源公报[R]. 1998—2019.

[21] 梁腾飞，张锟，徐文彪. 浅议山东黄河水量调度管理系统[A]//河海大学. 2019（第七届）中国水利信息化技术论坛论文集[C]. 河海大学：北京沃特咨询有限公司，2019：4.

[22] 刘姜艳. 黄河流域水污染现状分析及控制对策研究[J]. 资源节约与环保，2020（5）：86.

[23] 陈宁，徐宾铎，薛莹，等. 调水调沙对于黄河口渔业资源组成和分布的影响[A]//中国水产学会、四川省水产学会. 2016 年中国水产学会学术年会论文摘要集[C]. 中国水产学会、四川省水产学会：中国水产学会，2016：1.

[24] 朱国清，赵瑞亮，胡振平，等. 小浪底水库调水调沙对黄河中游鱼类及生态敏感区的影响[J]. 水生态学杂志，2012，33（5）：7-12.

[25] 杨型芳. 黄河"流鱼"[J]. 民间文化（旅游杂志），2001（Z1）：129.

[26] 潘斌，黄应胤，申志新. 黄河公伯峡至积石峡段的鱼类保护[J]. 水力发电，2011，37（11）：9-11.

水电水利工程陆生生态保护管理现状及对策研究

王　民[1]　李　倩[1]　黎一霖[2]　葛德祥[1]

（1. 生态环境部环境工程评估中心，北京 100012；

2. 中国电建集团北京勘测设计研究院有限公司，北京 100024）

摘　要：我国主要的水电开发流域与重要保护动植物分布区域高度重叠，在长期的水电水利开发中我国持续加强陆生生态保护要求并取得了一定的成效，但目前对于陆生生态影响及保护措施的重视程度与水生生态相比明显偏低，陆生生态基础研究和建设项目环评中的基础调查不足，生态保护措施落实情况和预期效果尚不明确，全过程环境管理存在一定的缺位。今后应从完善技术标准和评估体系、加强流域统筹、推进管理制度设计、强化全过程管理等方面，加强水电工程陆生生态保护管理，促进和推动水电绿色发展。

关键词：水电水利；陆生生态；环境保护；管理现状；对策建议

目前，国内针对水电水利工程的水生生态的影响及保护开展了较多的研究工作，逐步形成了以鱼类保护为主的水生生态保护措施体系[1]，相应的环境管理政策也日趋完善[2,3]。但近年来，青海黄河羊曲水电站淹没古柽柳林、云南戛洒江一级水电站影响绿孔雀栖息地等，与陆生生态影响相关的社会舆情热点高发、频发，表明水电水利行业对于陆生生态的影响及保护没有得到足够的重视，相应的环境管理存在短板，亟待进一步加强。通过对水电规划环评、项目环评、竣工验收等不同阶段环境保护技术文件的统计分析，梳理了目前水电水利工程陆生生态保护管理现状及存在的问题，研究提出了完善有关工作的对策建议，为行业健康持续发展、环境保护宏观决策等提供支撑。

作者简介：王民（1988—），男，高级工程师，从事水利水电工程环境影响评价及技术评估。E-mail: wangmin@acee.org.cn。

1 水电水利工程陆生生态保护及管理现状

1.1 水电开发流域与重要保护动植物分布区域高度重叠

我国西南地区江河密布，水能资源非常丰富，是国家能源战略层面的水电能源基地富集区，国家 13 大水电能源基地，西南地区就占了 8 个。但同时，西南地区又是我国生物多样性最为丰富的地区之一。根据相关资料[4-7]，我国裸子和被子植物濒危保护物种主要分布在西南各省区，濒危哺乳动物主要集中在西南地区，濒危爬行动物主要集中在长江及以南地区，濒危两栖动物主要集中在西南地区、东北地区和华中地区，均与我国水电开发强度较大的区域高度重叠[8,9]。根据金沙江、大渡河、澜沧江等 13 个主要开发流域（河段）水电规划环评，除黄河龙羊峡至刘家峡河段、汉江中下游河段未涉及重点保护动植物，汉江上游未涉及重点保护植物外，其余各流域规划均对重点保护陆生动植物及其栖息生境造成不同程度的影响；其中澜沧江和怒江流域涉及重点保护植物物种数量较高，分别为 17 种和 10 种；同时澜沧江流域还涉及 20 种重点保护野生动物，是影响重点保护动物物种数量最多的开发流域。

1.2 初步形成以重要保护动植物为主的环境管理体系

最早明确要求水电行业陆生生态保护的管理政策为国家环境保护总局发布的《关于西部大开发中加强建设项目环境保护管理的若干意见》（环发〔2001〕4 号，现已废止），意见提出开发水电站应注重珍稀动植物保护，并要求影响到国家保护动、植物物种的建设项目，环境影响评价中应提出受影响物种的种群数量和分布范围，制定保护、防范和补救措施。此后出台的环发〔2005〕13 号、环办〔2012〕4 号、环发〔2014〕65 号等多项与水电建设陆生动植物保护相关的管理文件，均明确注重对陆生珍稀动植物的保护，并提出了相关措施要求。

1.3 初步建立基于环境影响评价的保护措施体系

根据对 2001—2018 年生态环境部批复的 99 个常规水电建设项目环境影响报告书统计，共有 53 个项目涉及影响重点保护植物，其中 36 个项目产生淹没影响，24 个项目产生施工占地影响，共涉及影响 92 种保护植物、27 种古树名木。共有 97 个项目提出评价区分布有重点保护动物，多为鸟类及兽类，普遍以施工扰动影响为主，有 5 个项目提出了淹没栖息地或食源地环境影响。基于上述环境影响预测结果，60.5%的建设项目对重点保护植物提出采取迁地保护措施，采取就地保护和采种育苗措施的建设项目分别占 18.6%

和 11.4%，8.4%的项目规划修建植物园或者保护小区，1.2%的项目采取建设自然保护区管理站、经济补偿措施等其他保护措施。陆生动物主要保护方式以施工管理、蓄水前搜救、栖息地修复为主，其他包括野生动物救护、动物观测等[10]。

1.4 初步取得一定保护成效

根据 45 个已建水电建设项目蓄水阶段和竣工环境保护验收调查报告统计，基本按照环评要求实施了陆生生态保护措施，累计落实陆生生态保护投资 2.66 亿元，占环保总投资的 3.6%。已实施陆生植物保护措施占比最高的为迁地保护措施，共 30 个项目，其中21 个项目迁地保护存活率超过了 90%，2 个项目的存活率低于 60%；乌江彭水水电站移栽古大树 428 株、大渡河猴子岩水电站移栽或繁育野生岷江柏 2 826 株等均为较成功的保护案例。陆生动物保护方面，乌江思林水电站营造猕猴栖息地及食源林、澜沧江糯扎渡水电站动物救护站累计救护或暂养 121 只（头、条）重点保护动物等[11]，取得了一定的成效。

2 水电水利工程陆生生态保护存在的短板与不足

2.1 调查研究不足，评价基础薄弱

（1）现状调查底数不清。根据导则，生态影响评价范围应充分体现生态完整性并涵盖评价项目全部活动的直接影响区域和间接影响区域，因此水电工程陆生生态影响评价范围远大于工程的实际占地范围，不同规模水电站工程占地面积与环境影响评价范围相比不足 10%，例如，大渡河沙坪二级水电站工程占地 2.37 km^2，但评价范围达 113 km^2。这种情形下，采用覆盖全部评价范围的普遍调查无疑是不现实的，环评阶段只能以样本代替总体；因此，目前采用的资料收集、遥感解译、抽样调查等现状调查方法对于有效识别大范围内的陆生生态现状及重要保护目标将不可避免地出现遗漏或欠缺。

（2）影响机制研究不足。陆生生态影响具有多因素叠加的累积性和滞后性，但目前针对生态影响机制、范围等方面的学术性研究总体较少，实际环评工作中大多以已有工程经验为参考而缺乏具有研究基础的理论支撑，限制了陆生生态影响预测的科学性。目前，国内有关珍稀濒危动植物的动态分布、种群数量的动态变化、生境（栖息地）的适宜性及变化情况等基础研究仍有所欠缺，而基础研究是项目环评的基石和科学支撑。例如，对于金沙江上游陆生植被随着现状干热河谷气候变化产生的演替趋势[12]，对于陆生动物中的部分保护物种如水獭、矮岩羊[13]等的习性认知等，目前国内外尚缺乏相关研究成果，造成环评阶段难以准确预测工程建设的影响，并缺乏足够的判断依据用于相关保

护措施设计。

2.2 措施效果不明确，缺乏流域性统筹

（1）技术标准欠缺。目前，水电工程环评阶段对于陆生动植物保护措施提出的要求大多为原则性要求，实施阶段主要借鉴林业等相关行业已有技术方法，缺乏适应行业特点的技术指导文件，相关保护措施在制订、执行、监测及效果评价等环节无统一技术规范或监督标准，难以对不同电站措施执行结果进行衡量，既不利于保护措施的规范落实，也不利于监督管理工作的开展。

（2）缺少验证性研究。陆生生态保护效果受具体保护措施开展情况、局地乃至流域生态系统总体状况的影响，目前多数已开发流域或梯级对陆生生态的实际影响是基于工程竣工环保验收调查结论得出的，缺乏针对性的长期监测、科学研究及理论层面的分析论证，进而限制了对后续生态保护工作的指导性。

（3）缺乏流域性统筹。水电梯级开发对陆生生态的影响往往呈现较强的流域性，即上、下游电站影响物种具有一定的一致性和累积性[14]，但在实际保护措施制订中受开发时序及开发单位限制，往往呈现各自为政的现象，缺乏有效的流域统筹体系，造成保护工作效果受限以及保护成本增加的问题。

2.3 环评之后无抓手，全过程管理缺位

（1）变更管理存在漏洞。受限于野生动植物物种特点和对生态系统的认知过程，虽然环评阶段工作满足规范要求，但实际实施过程中仍可能出现新变化。根据 45 个已建水电建设项目统计，共有 14 个项目在实施过程中出现了保护措施变更情况，其中 12 个项目为保护目标数量增加或发现新的保护目标，如大渡河瀑布沟水电站环评阶段未提出古树名木保护目标，但在实施阶段发现 90 株，并对其中的 79 株采取了移栽措施；4 个项目未实施相关保护措施，如雅砻江锦屏一级水电站计划移栽保护 94 株栌菊木，但因其中 70 株地势条件困难而放弃移栽。目前，关于环境保护重大变动管理要求中对于上述变更均无相对应的要求，环境保护变动管理还存在漏洞。

（2）运行期管理存在缺位。生态影响类建设项目缺少类似环评与排污许可相衔接的管理制度，在环保验收改为企业自验后，陆生生态环境后续监管制度尚不明确，流域开发及建设项目运行期陆生生态监测、环境影响后评价等缺乏要求，影响了陆生生态保护措施的有效落实，一定程度上加大了陆生生态环境管理风险。

3　加强陆生生态保护及管理的对策建议

3.1　完善技术标准，夯实基础研究

（1）建议加快修订生态影响导则及水利水电工程环境影响评价技术导则，进一步强化重点保护野生动植物及其生境调查相关要求，现状调查监测可采用包括红外相机技术、无线传感器网络技术、DNA 分子标记技术等先进技术，增强调查结果的科学性。

（2）建议有关部门加大资金投入力度，扎实开展重点保护动植物分布及生存习性、流域性局地气候变化、物种多样性变化、动物迁徙规律、植物采种繁育、消落带治理、迁徙通道、生境再造等关键技术基础研究，切实提升现状调查、影响预测、生态修复、物种保护技术水平，促进陆生生态保护发展进步。

3.2　完善监督评估体系，加强流域统筹

（1）建议结合水电行业工程建设及管理特点、陆生生态影响及保护措施实施特点，建立适用于流域及梯级层面的监督指标体系，以衡量保护措施在设计、实施及执行方面的开展情况和取得的效果。

（2）建议依托各流域开发业主单位，建立流域生态环境协调管理机构，统筹流域陆生生态保护措施制订、建设期措施执行及运行期保护效果评估和改进，同时进一步梳理各水电基地开发现状、未来开发需求、开发权所属情况、陆生生态影响特征、保护措施执行情况，结合监测技术研究成果，探索流域层面陆生生态长期监测机制。

3.3　完善管理制度，强化全过程管理

（1）建议在建设项目实施过程中，持续加强陆生生态保护措施的适宜性改进，结合库底清理详查、建设期和运行期生态监测等措施不断完善陆生生态影响识别，全过程开展影响复核、措施优化完善等工作，以弥补环评阶段的不足。

（2）建议加快生态影响类建设项目全过程环境管理制度设计，尽快形成与排污许可相对应的生态类项目运行期的环境管理制度，进一步强化生态影响类项目的事中、事后环境监管。

（3）建议全面梳理已建成投运时间较长的水电建设项目，按照相关规定及时开展环境影响后评价工作，掌握陆生生态实际影响及保护措施实施效果，为后续项目和环保管理工作提供经验和依据。

参考文献

[1] 周小愿. 水利水电工程对水生生物多样性的影响与保护措施[J]. 中国农村水利水电, 2009（11）: 144-146.

[2] 周弈梅. 加强水环境与水生生态保护促进水利水电工程可持续发展[C]. 2005 水电水力建设项目环境与水生生态保护技术政策研讨会. 国家环保总局, 2005.

[3] 国家环境保护总局. 关于印发水电水利建设项目水环境与水生生态保护技术政策研讨会会议纪要的函[Z]. 2006-01-09.

[4] 吕丽莎, 蔡宏宇, 杨永, 等. 中国裸子植物的物种多样性格局及其影响因子[J]. 生物多样性. 2018, 26（11）: 1133-1146.

[5] 汪松. 中国濒危动物红皮书[M]. 北京：科学出版社, 1998.

[6] 王昕, 张凤麟, 张健. 生物多样性信息资源. Ⅰ.物种分布、编目、系统发育与生活史性状[J]. 生物多样性, 2017, 25（11）: 1223-1238.

[7] 陈阳, 陈安平, 方精云. 中国濒危鱼类、两栖爬行类和哺乳类的地理分布格局与优先保护区域——基于《中国濒危动物红皮书》的分析[J]. 生物多样性, 2002（4）: 359-368.

[8] 刘佳骏, 史丹, 李宇. 中国主要水电基地生态环境脆弱度判定与绿色发展对策研究[J]. 中国能源, 2016, 38（4）: 15-21.

[9] 于训期. 水电工程开发与生态环境保护[J]. 电力科技与环保, 2013, 29（6）: 53-55.

[10] 崔如. 我国水电开发陆生生态影响及保护概述[J]. 城镇建设, 2019（24）.

[11] 黎一霈, 金弈, 钟治国, 等. 我国水电工程陆生生态保护措施研究[J]. 建筑实践, 2019, 38（19）.

[12] 周家骢. 以金沙江干流水电开发促进金沙江流域干热河谷陆生生态修复[J]. 西北水电, 2011（3）: 1-3, 20.

[13] 申定健. 矮岩羊种群生态学研究[D]. 郑州：河南大学, 2009.

[14] 邱兴春, 邹建国, 陈凡. 乌江流域水电梯级开发对陆生生态的累积性影响分析[J]. 贵州水力发电, 2011, 25（1）: 10-12.

线性水利工程野生动物通道效果监测与评估实践

许　玉[1]　张　芃[1]　张德敏[1]　夏　霖[2]　叶尔肯·扎木提[3]

（1. 新疆博衍水利水电环境科技有限公司，乌鲁木齐 830000；2. 中国科学院动物研究所，北京 100080；

3. 新疆额尔齐斯河流域开发工程建设管理局，乌鲁木齐 830000）

摘　要： BJ 输水工程沙漠段明渠是目前世界范围内最长的沙漠明渠输水工程，工程纵穿我国第一大固定、半固定沙漠——古尔班通古特沙漠，工程距离东部卡拉麦里山有蹄类野生动物自然保护区 40 km，区域可能出现包括鹅喉羚在内的大、中型野生动物。2018 年 8 月至 2019 年 7 月，在工程沿线开展了野生动物对渠道沿线通道利用情况的连续监测，经分析评估：改造后的野生动物通道，能够更好地被野生动物利用；由于沙漠渠道形成季节性"河流"，对野生动物具有强烈的吸引和聚集作用，渠道通水季节观测到鹅喉羚独立活动事件占到了全年活动事件总数的 85%。

关键词： 沙漠明渠；野生动物通道

1　引言

现有对线性工程野生动物通道的监测、研究和讨论多集中在铁路和公路行业，特别是青藏铁路和公路。其沿线大、中型野生动物主要有藏羚羊、藏原羚和藏野驴，工程以大型桥梁型式跨过野生动物集中分布区，下部作为野生动物迁徙通道。

20 世纪末以来，我国水利事业迅猛发展，以南水北调中线和东线为代表的线性水利工程进入实质性建设阶段。南水北调工程沿线多处于人类活动密集区，所经区域多村镇或路网交织，鲜有大、中型陆栖野生动物分布，工程对动物迁徙的阻隔影响也鲜有深入的讨论和监测研究。

作者简介：许玉（1980—），女，高级工程师，主要从事水利水电工程环境影响评价及全阶段环境管理技术研究工作。
E-mail：86554510@qq.com。

本次研究对象——BJ 输水工程是新疆最大的水资源配置工程，工程自北向南纵穿准噶尔盆地，以及盆地中央的古尔班通古特沙漠无人区，线路总长 510 km，以明渠为主，梯形断面，局部为浅埋隧洞和倒虹吸。一期工程自 2000 年建成，每年 4—10 月通水，在不影响工程正常输水运行的情况下，2016 年对原有渠道实施了扩建。

BJ 输水工程沙漠段距离卡拉麦里山有蹄类野生动物自然保护区的最近距离为 40 km，根据前期调查和观测推断，沿线可能出现的野生动物有人工野放的国家一级保护动物普氏野马和蒙古野驴、国家二级保护动物鹅喉羚等，野生动物种类与青藏铁路和公路沿线的野生动物相近。与铁路和公路工程所不同的是，明渠形式输水工程本身为野生动物提供了关键生命要素——水，早期观测证实了明渠作为"沙漠水源"对野生动物形成了强烈吸引，除栖息地间的季节性迁徙需要外，野生动物常常为获取水源而往返于工程左右岸。BJ 输水工程沙漠段在建设早期即考虑了线性明渠对野生动物阻隔的影响，结合渠系建筑物设置了野生动物通道，并在后续扩建和运行中持续改进。本文将根据初步取得的野生动物监测成果，分析和讨论线性水利工程野生动物通道措施的效果，本工作在水利工程环境保护中尚属首次，希望通过本文的总结能够为今后同类型水利工程的野生动物保护提供借鉴。

2　研究区概况

BJ 输水工程沙漠段长 167 km，是目前世界范围内最长的沙漠明渠输水工程，沿线属温带大陆性戈壁荒漠气候，受古尔班通古特沙漠"旱海"的影响，风沙大，极端干燥，戈壁沙质下垫面气温变化剧烈，日较差明显。

工程所经过的古尔班通古特沙漠地处准噶尔盆地腹地，是我国第二大沙漠、世界第三大沙漠，沙漠面积的 95% 以上为固定或半固定沙丘，是我国最大的固定、半固定沙漠[1]，年降水量为 100～150 mm，年蒸发量为 2 000～2 800 mm，沙漠中几乎无地表径流，地下水埋藏多在 30 m 以上，植物生长主要依靠降水。整个沙漠中沙生和旱生植物种类丰富、生活型多样[2]，工程沿线常见的生活型植物有小半乔木白梭梭（*Haloxylon persicum*）、小灌木蛇麻黄（*Ephedra distachya*）、盐节木（*Halocnemum stro-bilaceum*）、多年生草沙生针茅（*Stipa glareosa*）、2 年生草刺头菊（*Cousinia affinis*）和 1 年生草沙蓬（*Agriophyllum squarrosum*）等[3,4]。

工程沙漠段渠线与其东部的卡拉麦里山有蹄类野生动物自然保护区（以下简称"卡山保护区"）的最近距离为 40 km。卡山保护区位于准噶尔盆地东缘，成立于 1982 年 4月，现已晋升为国家级自然保护区，保护区植被特征与其西部的古尔班通古特沙漠近似。保护区野生动物资源种类较多，据历史考察记载，区域野生动物种类有 288 种，其中哺乳纲 15 科 52 种，国家一级保护野生动物 12 种，国家二级保护野生动物 36 种。保护区以保护和发展普氏野马、蒙古野驴和鹅喉羚等有蹄类珍稀野生动物及其生境为主。由于历史原因，卡山保护区境内分布的多条公路和铁路干线均为地面建设，未设置野生动物通道，已将保护区分割，使野生动物分布"岛屿化"[5]。

工程与卡山保护区之间无地理阻隔，保护区分布的国家一级保护野生动物普氏野马（*Equus przewalskii*）和蒙古野驴（*Equus hemionus*）、国家二级保护野生动物鹅喉羚（*Gazella subgutturosa*）等，无论是人工野放还是自然种群，其活动范围都很大。普氏野马野放范围可达百公里以外，蒙古野驴常可因食物和水源需求迁徙数十甚至上百公里，在前期调查中工程区范围内也可见鹅喉羚活动痕迹。因此，从工程所处区域的环境本底状况来看，与卡山保护区有极大的相似之处，就较大范围内的野生动物分布状况及其生活习性分析，普氏野马、蒙古野驴和鹅喉羚均可能在工程区范围内出现，除此以外工程区内还可能出现国家二级保护野生动物兔狲（*Felis manul*）和猞猁（*Lynx lynx*），新疆维吾尔自治区一级保护野生动物赤狐（*Vulpes vulpes*）、沙狐（*Vulpes corsac*）和虎鼬（*Vormela peregusna*）。

3 沙漠明渠野生动物通道利用状况与改进

3.1 通道形式及利用状况

沙漠段沿线共布置 6 座节制退水闸和 1 座分水闸，水闸渗水为野生动物提供了水源，且渠道本身近似季节性"河流"，对野生动物形成强烈吸引。

沙漠明渠在一期工程建设之初即考虑了工程对野生动物迁徙的阻隔影响，结合工程检修和当地交通需要沿线每隔约 10 km 设置 1 座跨渠桥梁，其中简易钢架桥 15 座、桥面净宽 3.7 m，钢混结构桥 3 座、桥面净宽 7 m，桥梁跨度为 20 m 或 24 m。在对工程早期设置的桥梁连通措施野生动物利用情况的冬季野外调查中发现，工程沙漠段人类活动干扰很小，在足迹可辨识的 12 座桥梁桥面上，每座都发现了蒙古兔足迹链，5 座发现了狐狸足迹链，1 座发现了鹅喉羚足迹链。在所有桥梁两侧 50 m 范围的渠道内，均发现了上述动物从渠底直接通行的完整足迹链。调查结果还显示，不同种类的动物在跨越渠道方式的选择上存在差异：鹅喉羚倾向放弃使用桥梁结构，直接从渠底通过，桥梁附近渠道中的足迹数量明显高于桥面；蒙古兔和狐狸则在两种方式的选择上无明显倾向性，但存在不同个体间的差异。

3.2 野生动物对通道的使用影响因素

铁路和公路工程野生动物通道利用的有关研究表明：当通道内地表基质与周围环境

一致时,可有效提高通道使用率;一些物种对人造结构有心理上的陌生与畏惧。如在对同为生活在开阔生境中的有蹄类藏原羚和藏羚羊跨越青藏公路的研究中发现,动物即使在没有车流干扰时,步上柏油路面时仍存在犹豫,而在通过施工便道等砂石路面时其行为更加流畅[6,7]。

工程沿线跨渠桥梁多为钢结构或钢混结构,桥面与周围地面持平。早期野外调查发现,鹅喉羚对工程沿线桥梁的使用率偏低,分析可能与其自身生物与生态学特性相关。一方面,鹅喉羚在开阔缺乏隐蔽条件的荒漠区需躲避天敌追击,其警戒性很高,生性敏感;另外,鹅喉羚为偶蹄类,足部角质化明显、坚硬,在足部接触钢桥桥面时会发出声响,陌生的触感和声响触发了它的警觉性,而放弃使用桥梁通过。另一方面,鹅喉羚长期生活在地表平缓起伏的荒漠区,并具有较强的爬坡与跳跃能力,冬季渠道无水且有雪被覆盖,与周围环境相似度高,相较于陌生的桥梁结构,往往倾向于选择与平时行为方式近似的形式跨越渠道,将渠道作为天然沟壑翻越。此外,为减少放牧等活动对工程安全运行的影响,部分钢桥两端设置了限行墩,在冬季调查中可见限行墩间隙中有野生动物徘徊的足迹,设置限行墩同时也成了较大型野生动物利用通道的阻碍。

3.3　通道改进

根据上述分析结论,在二期工程扩建阶段,对沿线野生动物通道进行了改进,包括在跨渠钢桥桥面铺设 5 cm 厚的木板,木板上铺设 10 cm 厚的覆土,覆土取渠道周边沙漠环境原状土,桥面两侧加设立式木质挡板,挡板高出桥面覆土 5 cm,防止桥面覆土落入渠道。在运行管理中,移开部分桥梁设置的限行墩,并将限行墩原有鲜亮的红白相间颜色重新粉刷,保留原混凝土本色,降低对野生动物视觉的冲击(图 1)。

　　(a)改造后的钢桥桥面　　　(b)钢桥桥头限行墩间隙动物徘徊足迹　　　(c)改进后的钢桥桥头

图 1　改进后野生动物通道现状

4   改进后的通道野生动物利用效果监测与评估

4.1   监测方法

二期扩建工程完工后，2018 年 8 月至 2019 年 7 月，采用红外触发相机和样带调查方式，对沙漠明渠野生动物通道措施效果开展了一个完整日历年的监测。红外触发相机照片分辨率 500 万～1 200 万像素，自动连拍数为 1 张，自动拍摄间隔时间 30 s。工程沿线共布置了 16 台红外监测相机，个别相机在首次安装后被盗，后续对其中部分点位进行了补装。

4.2   野生动物通道利用情况监测结果统计分析

在为期 1 年的红外相机监测和样带调查中，共记录统计到野生动物 18 目 49 科 66 种，其中以兽类为主，占监测记录野生动物种类总数的 49.36%，其他均为鸟类，其中候鸟占 4.02%，留鸟占 46.63%。

红外相机监测数据表明，渠道通水季节和非通水季节野生动物对跨渠桥梁的利用率差异显著，主要是由于通水季节渠道吸引了迁徙鸟类在周边停留，并且工程所处的沙漠段无天然水源，渠道近似于沙漠中的"河流"，对于野生动物具有强烈的吸引与聚集作用（图 2）。

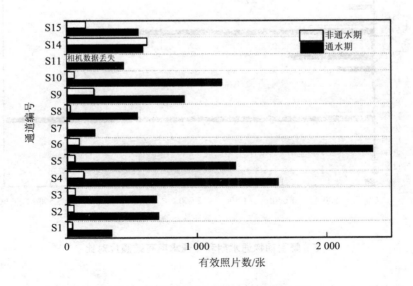

图 2   沿线通道不同季节有效照片对比

　　在对鹅喉羚的统计分析可见，鹅喉羚有效照片数占野生动物监测照片总数的 7.96%，在 10 座桥梁中共记录到了 96 次鹅喉羚独立活动事件，在渠道通水季节独立活动事件 94 次，占总次数的 97.9%。从时段分析来看，鹅喉羚利用跨渠桥梁通行以 7 月最为频繁，独立事件数占事件总数的 84.38%。在卡山保护区内鹅喉羚迁移季节主要在春季的 4—5 月和秋季的 9—10 月，7 月并非其迁移季节。经推断，7 月为渠道通水季节，且夏季极度干旱，一方面鹅喉羚可能受到水源吸引而至，另一方面可能与鹅喉羚的季节性栖息地局部转换有关。

　　从野生动物种类方面统计，在渠道通水季节的有效照片日（1 983 d）拍摄率最高的前 10 种动物为：狐狸、小嘴乌鸦、雕鸮、鼠、麻雀、凤头百灵、鹅喉羚、家燕、白鹡鸰、虎鼬；非通水季节（1 917 d）拍摄率最高的前 10 种动物为小嘴乌鸦、狐狸、白鹡鸰、家燕、鼠、蒙古兔、虎鼬、雕鸮、麻雀、鹅喉羚。对比情况见图 3。

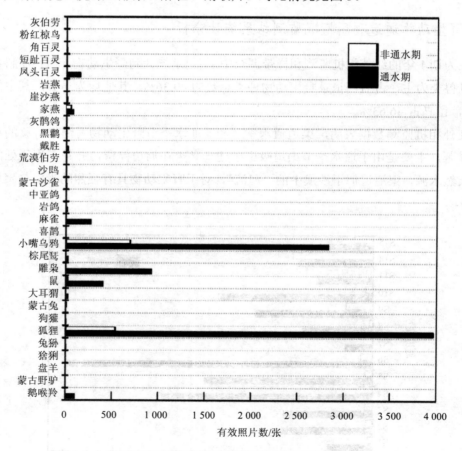

图 3　野生动物通水期和非通水期有效照片对比

　　从野外样带调查可见，狐狸、蒙古兔等动物可采取多种方式跨越渠道，会利用桥梁或通过桥梁和围栏的缝隙进入渠道内活动。此外，本次调查还在全线首次记录到了国家二级保护野生动物盘羊（*Ovis ammon*）利用钢桥通行，盘羊主要在卡山保护区活动，其出现的季节正是沙漠最干旱的季节，可见水源对动物具有强大的吸引力。

4.3　通道桥头限行墩移除效果分析

监测初期，在桥头限行墩未挪开前，样带调查中可见渠道周边有小群鹅喉羚频繁活动的足迹链，分析可能是由于鹅喉羚在通过桥梁时受到了限行墩的阻碍。2019 年春季，将桥头限行墩移开后，红外相机监测的 11 座桥梁中，有 9 座记录到了鹅喉羚活动影像，且存在 8～10 只的小群在桥梁上停留（图 4）。

（a）鹅喉羚（国家二级保护野生动物）

（b）猞猁（国家二级保护野生动物）

（c）盘羊（国家二级保护野生动物）

（d）兔狲（国家二级保护野生动物）

（e）沙狐（新疆维吾尔自治区一级保护野生动物）

（f）虎鼬（新疆维吾尔自治区一级保护野生动物）

图 4　不同野生动物红外相机监测活动影像

5 经验与讨论

BJ 输水工程是新疆重要的水资源调配战略工程，在发挥供水作用的同时，其所处的特殊地理区位决定了工程实施中必须兼顾野生动物的保护需求，这是新时代建设生态友好水利工程的必然选择。本工程的野生动物保护实践经验有以下几方面：

（1）对于沙漠生态系统而言，水是这里栖息生活的大、中型野生动物生存的最重要胁迫因子，输水工程如同一条季节性河流对各种动物均具有强烈的吸引与聚集作用。

（2）野生动物通道对破解工程建设造成的野生动物栖息地"岛屿化"发挥着重要作用，动物对通道的使用率很大程度上取决于通道对野生动物的适宜性，包括通道的宽度、高度、材质和表面基质、其他可能的障碍阻隔等，需要对野生动物的生物和生态学特性有较为深入的认识。

（3）水利工程建设前期投入大，一些环境保护措施与主体工程建筑物结构结合紧密，通常在早期建设中投资较大，但后期运行维护往往投入不足。从本工程的实践经验来看，此类环境保护措施需要以后期的系统监测和效果评估为支撑，才能确保通过对措施的不断改造和完善取得良好的保护效果，避免投资浪费、措施搁置。

参考文献

[1] 钟德才. 中国现代沙漠动态变化及其发展趋势[J]. 地球科学进展，1999，14（3）：229-234.

[2] Qian YB, Wu ZN, Zhang LY, et al. Impact of habitat heterogeneity on plant community pattern in Gurbantung-gut Desert[J]. Journal of Geographical Sciences，2004，14：447-455.

[3] 钱亦兵，吴兆宁，张立运，等.古尔班通古特沙漠生境对植物群落格局的影响[J]. 地理学报，2004，59（6）：895-902.

[4] 刘忠权，刘彤，张荣，等. 古尔班通古特沙漠南部短命植物群落物种多样性及空间分异[J]. 生态学杂志，2011，30（1）：45-52.

[5] 任志刚，彭向前.卡拉麦里山自然保护区野生动物保护对策[J]. 新疆林业，2013，2：13-15.

[6] 杨奇森，夏霖，吴晓民. 青藏铁路线上的野生动物通道与藏羚羊保护[J]. 生物学通报，2005，40（5）：15-17.

[7] 殷宝法，淮虎银，张镱锂，等. 青藏铁路、公路对野生动物活动的影响[J]. 生态学报，2006，26（12）：3917-3923.

尼洋河多布水电站鱼道运行效果初步研究

崔　磊　熊　鹰　高　繁

（水电水利规划设计总院，北京　100120）

摘　要：本研究通过对尼洋河多布水电站鱼道进行坝下鱼类分布监测、过鱼效果监测和通过性试验等监测方法，初步分析了多布水电站鱼道运行效果。结果呈现坝下鱼类分布数量随过鱼季节变化呈现先增加后减少的趋势，鱼道过鱼数量 5 月达到峰值，6 月迅速减少，鱼道通过性较好，不存在明显过鱼阻碍。

关键词：多布水电站；鱼道运行；过鱼效果

1　引言

　　水电开发带来经济效益的同时，大坝修筑也阻断了河道的连通性，阻断了鱼类的洄游路线，影响了鱼类洄游繁殖并导致水生生物多样性下降[1,2]。为减缓大坝产生的阻隔影响，帮助鱼类通过大坝到达繁殖地或索饵场等重要生活场所，需要人工建立过鱼措施，鱼道就是有效减缓水坝阻隔对水生生物影响的设施[3-5]。尼洋河流域综合治理和保护规划提出了在水资源开发利用过程中，各主要水利梯级的建设应充分论证大坝阻隔对鱼类资源的影响，必要时预留过鱼设施，保证鱼类生存繁殖所必需的通道。多布水电站环评报告及批复文件明确提出修建鱼道作为过鱼设施，制订鱼道运行期监测计划并开展鱼道运行效果监测评估，为充分发挥鱼道过鱼功能提供科学依据，从而缓解种群间遗传交流受阻的不利影响，保护鱼类种群的遗传多样性[6]。

　　鱼道过鱼效果受诸多因素的影响，包括鱼道结构形式、水力学特征、环境因子以及河道水文情势等[7]。各影响因素与过鱼效果之间的相关性还需进一步研究明确，这也要求

作者简介：崔磊（1978—），男，江苏沛县人，教授级高工，硕士，主要从事水电工程环境保护和水土保持工作。

对已建成鱼道过鱼效果进行全面准确的监测和评估。国内对鱼道的研究起步较晚，针对鱼道开展效果监测较少，同时缺乏比较可靠的监测手段[8]。从目前开展效果监测的鱼道来看，不同鱼道的运行效果存在差异[9]。本文以尼洋河多布水电站鱼道工程为例，通过对鱼道进行多项监测，初步分析了鱼道的运行效果，为后续鱼道运行和管理提供了技术支持。

2 材料与方法

2.1 研究对象

多布水电站工程位于西藏自治区林芝市境内尼洋河干流，多布水电站鱼道工程全长 1 100.46 m，鱼道主要由进鱼口、鱼道池室、休息池、观测室、出鱼口等组成。

鱼道池室形式选用垂直竖缝式，池室长度为 2.50 m，池室宽度为 2.00 m，竖缝宽度为 0.30 m。鱼道布置进鱼口 2 个，其中 1#进鱼口位于泄洪闸下约 140 m 处左岸岸边，底板高程为 3 053.09 m；2#进鱼口位于泄洪闸下约 320 m 处左岸岸边，底板高程为 3 054.0 m；布置出鱼口 2 个，1#、2#两个出鱼口底板顶高程分别为 3 074.00 m、3 072.00 m。观测室设有 2 个，靠近鱼道 2#出鱼口的为上游观测室，位于鱼道中下段的为下游观测室[10,11]。

多布水电站鱼道主要过鱼季节为每年 3—6 月，主要过鱼对象为巨须裂腹鱼、异齿裂腹鱼、拉萨裂腹鱼和尖裸鲤。多布水电站鱼道每年 3—5 月启用 1#进鱼口，2#进鱼口关闭；6 月启用 2#进鱼口，1#进鱼口关闭。

2.2 研究方法

为初步研究多布水电站鱼道的运行效果，对多布水电站进行鱼道运行效果监测。监测内容分为坝下鱼类分布监测、鱼道过鱼效果监测和鱼道通过性试验[12]。其中坝下鱼类分布监测包括水声学监测和坝下渔获物调查；鱼道过鱼效果监测包括鱼道内渔获物调查、鱼道内水声学监测和鱼道过鱼视频分析；鱼道通过性试验采用 PIT 标记试验法[13]。

水声学监测于 2020 年 4—5 月在 1#进鱼口外侧利用 Oculus M750d 多波束声呐对通过监测断面的鱼类进行监测。坝下渔获物调查于 2020 年 3—6 月利用地笼、3 层刺网和电捕网对坝下尾水区域渔获物进行采集。根据调查河段水情变化，地笼采集时段为 3—6 月，地笼固定布设于采集点位，每次收集作业间隔 24 h；3 层刺网采集时段为 4—6 月，每次作业间隔 24 h；电捕网采集时段为 6 月，每次作业间隔 24 h。

鱼道内渔获物调查分别于 2019 年 6—7 月、2020 年 6 月开展，利用堵截法对鱼道内部渔获物进行采样调查。堵截法即采用网具或拦鱼栅堵截鱼道进出口，然后关闭鱼道出鱼口，待鱼道内部水排干后，工作人员进入鱼道将鱼类捞出，统计鱼道内部渔获物数量、种类、规格和品种等。

鱼道内水声学监测于 2020 年 6 月将佳明鱼探仪安装于鱼道转弯处池室，对通过监测断面的鱼类进行监测。过鱼视频分析主要通过对 2020 年 5—6 月的有效过鱼视频进行数量统计分析。

PIT 标记试验分别于 2019 年 7 月、2020 年 5—6 月、2020 年 6—7 月开展（分别表示为 2019-1 试验、2020-1 试验、2020-2 试验），在鱼道进口段和鱼道出口段分别布置 1 台 PIT 感应线圈，在鱼道内部放流标记鱼，统计分析标记鱼通过时间和数量。

各调查点位、监测断面和仪器布设见图 1。

图 1 多布水电站监测点位布设

3 结果与分析

3.1 坝下鱼群特征

3.1.1 种类组成

通过 2020 年的坝下渔获物调查，共采集鱼类 12 种，隶属 1 目、2 科、8 属，以鲤科为主（表 1），并且多布鱼道主要过鱼对象除尖裸鲤外均有捕获。捕获鱼类的体长为 4.0～48.2 cm，体重为 0.5～1 937.6 g；采集的最小鱼类个体为细尾高原鳅，体长仅有 4.0 cm，体重约为 0.5 g；最大鱼类个体为异齿裂腹鱼，体长 48.2 cm，体重达到 1 937.6 g。

表1 多布水电站坝下鱼类组成

种类	体长范围/cm	体重范围/g
一、鲤形目 Cypriniformes		
（一）鲤科 Cyprinidae		
拉萨裸裂尻鱼 *young husbandi*	4.2～33.5	0.7～441.1
拉萨裂腹鱼 *Schizothorax waltoni*	12.1～40.3	8.1～753.7
双须叶须鱼 *Ptychobarbus dipogon*	5.4～41.4	2.3～916.7
丁鱥 *Tinca tinca*（L）	27.0	504.3
鲫 *Carassius auratus*	7.4～20.1	10.5～250.1
巨须裂腹鱼 *Schizothorax macropogon*	35.4	880.1
鲤 *Cyprinus carpio*	33.2～35.2	818.6～983.1
软刺裸裂尻鱼 *Schizopygopsis malacanthus*	10.5～12.0	12.6～19.0
异齿裂腹鱼 *Schizothorax oconnori*	23.8～48.2	186.0～1 937.6
（二）鳅科 Cobitidae		
刺突高原鳅 *Triplophysa stewarti*	8.1～11.4	3.8～13.7
条鳅 *Noemacheilinae*	5.8～32.3	2.3～361.8
细尾高原鳅 *Triplophysa stenura*	4.0～10.2	0.5～10.9

　　由图 2 可得其中优势种为拉萨裸裂尻和细尾高原鳅，鱼类个体数目分别占渔获物总数的 60%和 22%；另外 10 种总体数量较少，共占 18%。

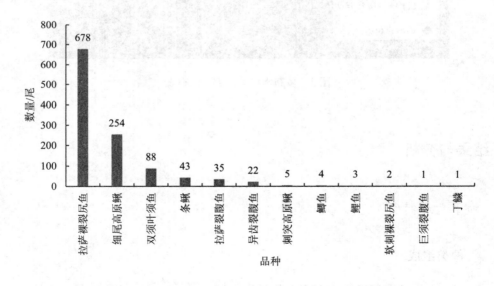

图2 多布电站坝下鱼类组成

3.1.2 数量变化

2020 年水声学探测共观测到信号 3 765 个，渔获物采集 1 136 尾，见表 2。由表 2 可得 5 月坝下鱼类监测数量最多，4 月次之，二者日均数量差别较小；3 月再次之，日均数量较前两者差别较大；6 月最少，日均值较 3 月差别较大。上述结果说明 4—5 月是尼洋河鱼类洄游数量最多的时段。

表 2　多布电站坝下鱼类数量变化统计

年份	月份	渔获物调查				水声学监测		
		调查时间/d	渔获物总数/尾	日均值/（尾/d）	过鱼对象数量/尾	调查时间/d	鱼类信号/个	日均值/（个/d）
2020	3	1	19	19	0			
	4	23	554	24	32	14.6	2 352	161
	5	16	442	28	5	7.7	1 413	184
	6	12	121	10	21			

表 2 还表明多布鱼道主要过鱼对象的数量呈现"4 月>6 月>5 月>3 月"的趋势，与渔获物总量变化规律不完全一致，说明不同鱼类品种的洄游上溯季节存在差异。

3.1.3 鱼类空间分布

由表 3 可得各点位数量规律：点位 A>点位 B>点位 C>点位 E>点位 F>点位 D。这说明在 3—5 月，洄游鱼类会沿河道左岸上溯，且越靠近大坝，洄游鱼类数量越多；而在 6 月，左岸鱼类上溯数量减少，右岸上溯数量增加。

表 3　坝下各点位渔获物数量统计

时间	点位 A 数量/尾	点位 B 数量/尾	点位 C 数量/尾	点位 D 数量/尾	点位 E 数量/尾	点位 F 数量/尾
3 月	19	0	0	/	0	/
4 月	163	216	113	/	62	/
5 月	179	49	116	/	99	/
6 月	15	77	/	4	0	25
总计	376	342	229	4	161	25

注："/"表示未进行渔获物调查；"0"表示未捕获到渔获物。

3.2 鱼道鱼群特征

3.2.1 季节通过数量变化

通过对鱼道上游观测室内摄像装置所采集的过鱼录像进行统计处理，其上行数量表示鱼类通过该视频断面并向上游出鱼道的数量。上游观测室位于 2#出鱼口附近，因此该上行数量能够更好代表通过鱼道成功上溯的鱼类数量。6 月汛期水质浑浊度高，过鱼录像无法分辨过鱼情况，故采用鱼探仪在鱼道内进行监测，鱼道内鱼类数量统计见表 4。

表 4　多布鱼道通过数量统计

过鱼录像		水声学监测	
日期	上行数量/尾	日期	监测数量/尾
2020.5.21	1 370	2020.6.19	13
2020.5.22	539	2020.6.20	34
2020.5.24	265	2020.6.21	17
2020.5.25	254	2020.6.22	49
2020.5.26	811	2020.6.23	24
2020.5.27	186	2020.6.24	39
2020.5.28	272	2020.6.25	25
2020.5.29	2 451	2020.6.26	33
2020.5.30	1 709	2020.6.27	41
2020.5.31	792	2020.6.28	24
2020.6.1	256	2020.6.29	23
2020.6.2	559	2020.6.30	24
2020.6.3	1 118		
2020.6.4	217		
2020.6.5	91		
5 月日均	865		
6 月日均	448	6 月日均	29
合计	10 890	合计	346

注：过鱼录像通过人工计数，因鱼类存在来回游动以及倒退现象，数量统计可能存在误差。水声学探测无法区分上下行，监测数量为通过该监测断面的上行下行数量之和。

由表 4 可得多布水电站鱼道在 5 月下旬至 6 月上旬期间鱼道过鱼数量较多，而 5 月下旬通过鱼道上溯的鱼类数量明显大于 6 月上旬。在 5 月通过鱼道上溯入库的鱼类数量大于下行进入河道，而在 6 月鱼类通过鱼道下行进入河道的数量多于上溯入库。

3.2.2 昼夜数量动态

对 2020 年收集的过鱼录像各时段上下行的数量进行统计（图 3），结果表明在 5 月，下午时段的每小时上行和下行数量明显高于上午和夜间，这说明尼洋河鱼类在下午时段洄游活动最强。

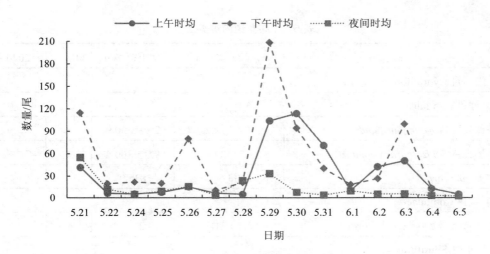

（a）各时段上行时均统计

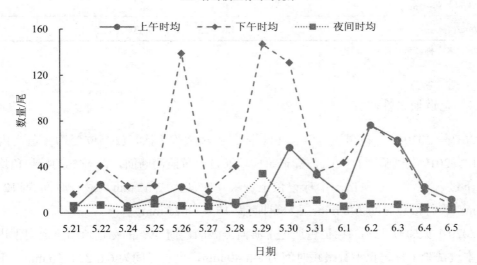

（b）各时段下行时均统计

图 3　2020 年多布鱼道各时段上下行时均统计

注：上午时均为 7:30—14:30 平均每小时通过数量，下午时均为 14:30—21:30 平均每小时通过数量，夜间时均为 21:30—次日 7:30 平均每小时通过数量。

3.2.3 鱼道通过鱼类的种类组成

通过 2019 年和 2020 年的鱼道内渔获物调查，鱼道内通过鱼类种类有 5 种，隶属 2 目、3 科、5 属。其中，通过的最小个体为细尾高原鳅，体长为 2.4 cm，体重仅为 0.3 g；通过的最大个体为鲤，体长为 33.5 cm，体重为 835.9 g（表 5）。

表 5　多布鱼道内种类组成

种类	体长范围/cm	体重范围/g	2019 年	2020 年
一、鲤形目 Cypriniformes				
（一）鲤科 Cyprinidae				
拉萨裸裂尻鱼 *young husbandi*	4.2～19.2	2.93～50.9	+	+
异齿裂腹鱼 *Schizothorax oconnori*	8.3～32.1	9.0～360.4	+	+
鲤 *Cyprinus carpio*	33.5	835.9		+
（二）鳅科 Cobitidae				
细尾高原鳅 *Triplophysa stenura*	2.4～11.3	0.2～5.1	+	+
二、鲇形目 Siluriformes				
（一）鲇科 *Siluridae*				
鲇 *Silurus asotus*	14.8～23	50.3～102.5	+	+

注："+" 表示捕获到该品种。

3.2.4 鱼道通过性研究

2019—2020 年，在鱼道内开展 PIT 标记放流试验 3 次，放流位置均在鱼道内池室（图 1）。2019-1 试验中有 15% 的标记鱼成功通过上游监测断面，而 86% 的标记鱼均沿鱼道向下进入河道。本次试验中标记鱼上行最短时间为 2 h 7 min，最长时间为 12 d 3 h 24 min；下行最短时间为 8 min，最长时间为 15 d 4 h 25 min。

2020-1 试验有 43% 的标记鱼通过上游监测断面，而 49% 的标记鱼沿鱼道向下进入河道。本次试验中标记鱼上行最短时间为 8 h 40 min，最长时间为 6 d 22 h 36 min；下行最短时间为 13 min，最长时间为 10 d 18 h 29 min。

2020-2 试验有 46% 的标记鱼通过上游监测断面，而 50% 的标记鱼沿鱼道向下进入河道。本次试验中标记鱼上行最短时间为 7 h 57 min，最长时间为 7 d 2 h 8 min；下行最短时间为 7 min，最长时间为 4 d 9 h 20 min。

4　讨论

4.1　坝下鱼类资源分布

　　坝下鱼类资源是鱼道的主要通过对象和群体来源，鱼类资源在坝下的分布集群规律是布置鱼道的关键性因素[14]。本次研究结果表明多布水电站坝下洄游鱼类种类数量比较丰富，优势品种为拉萨裸裂尻鱼和鳅科，这与沈红保等的研究结果一致[15]。在坝下渔获物采集中发现 1 条丁鱥鱼，其在国内的自然分布区域主要为新疆部分河段[16]，因此该品种的出现可能与人类放生等活动有关。多布水电站鱼道主要过鱼对象除尖裸鲤外，巨须裂腹鱼、异齿裂腹鱼、拉萨裂腹鱼均在坝下监测中均被发现，但数量较少；未能监测到尖裸鲤可能是因为尖裸鲤的现有资源量很少，也可能会是电站坝下水流条件影响其洄游。

　　坝下鱼类数量变化呈现 4—5 月数量最多，3 月次之，6 月最少的现象。其可能原因在于 3 月尼洋河处于枯水期，水文条件差，气温较低，上溯鱼类数量较少；4—5 月河道水量增加，气温逐渐回升，鱼类洄游上溯活动最强，数量最多；而 6 月进入汛期，下泄流量和流速增加，水质浑浊，流态比较复杂，不利于鱼类上溯，同时对渔获物调查也有较大影响。

　　3—5 月，洄游鱼类较多沿河道左岸上溯，且越靠近大坝鱼类数量越多，这表明河道左岸是鱼类上溯的主要路径之一，鱼道 1#进鱼口附近渔获物数量仅少于尾水渠内渔获物数量，但尾水渠因发电泄水导致流态紊乱，因此鱼道 1#进鱼口布设位置相对合理；在 6月，左岸鱼类上溯数量减少，右岸上溯数量增加，2#进鱼口渔获物较少，可能是因为发电尾水下泄增大对河道左岸鱼类上溯影响较大，导致鱼类从右岸缓流区上溯。

4.2　鱼道过鱼效果探讨

　　鱼道过鱼监测是鱼道运行评估的核心内容，旨在明确验证鱼道入口是否可被鱼类找到且能成功通过，这是判断过鱼效果的关键。初步结果表明鱼道通过数量 5 月下旬最多、6 月上旬略有减少，6 月下旬明显减少，其呈现规律与坝下鱼类数量变化一致，表明鱼类洄游活动会随季节变化进行调整。而每日鱼道通过鱼类数量下午时段最多，上午时段次之，夜间时段最少，这可能与鱼类习性有关，鱼类在下午至傍晚阶段活动性较强。鱼道通过种类均在坝下监测时发现，但种类数量明显少于坝下监测时发现的数量，且未在鱼道内发现主要过鱼对象，其原因主要在于鱼道内渔获物调查时间太晚，均开展于 6 月中下旬至 7 月，此时鱼类洄游至坝下并通过鱼道的数量已明显减少。

　　PIT 标记试验能够通过放流标记鱼和信号接收线圈监测鱼类在鱼道内的行为轨迹和

时间，直接体现鱼道通过性，并确定鱼类通过障碍点。3 次 PIT 试验中，在同一放流位置，2019-1 试验上行通过率为 15%，2020-1 试验上行通过率为 42%，2020-2 试验上行通过率为 46%，并且每次试验均有超过 90% 的标记鱼能够成功游出鱼道，表明鱼道通过性较好，起到了上下游连通作用，不存在明显的阻碍现象，鱼类能够通过鱼道进行洄游上溯。PIT 标记试验结果还表明不同鱼类上下行时间存在差异，这是由不同品种和体型的鱼类游泳能力存在差异所导致的。

4.3 进一步研究的建议

本次多布水电站鱼道运行监测研究受到鱼道监测设备和新冠疫情等因素影响，未能在整个过鱼季节开展，并且部分监测作业的实施效果也未能达到预期，因此只能初步说明鱼道运行效果。在下一步的监测研究工作中，应在进、出鱼口安装摄像装置或声呐等监测设备，监测统计鱼类进入和游出鱼道的数量，直观表明鱼道运行效果。在鱼道内部更多地增加监测点位和监测设备，延长监测时段，对不同季节和昼夜时段的鱼类洄游活动特征做深入研究，进一步对鱼道运行进行全面的监测和评估，结合电站运行调度方案分析得出更加科学的鱼道运行管理制度。

参考文献

[1] 刘志雄，周赤，黄明海. 鱼道应用现状和研究进展[J]. 长江科学院院报，2010，27（4）：28-31，35.

[2] 谭细畅，黄鹤，陶江平，等. 长洲水利枢纽鱼道过鱼种群结构[J]. 应用生态学报，2015，26（5）：1548-1552.

[3] 李捷，李新辉，潘峰，等. 连江西牛鱼道运行效果的初步研究[J]. 水生态学杂志，2013（4）：58-62.

[4] 曹娜，钟治国，曹晓红，等. 我国鱼道建设现状及典型案例分析[J]. 水资源保护，2016，32（6）：156-162.

[5] 陆波，喻卫奇，陈静，等. 浅谈水电工程鱼道运行管理[J]. 水力发电，2020，46（2）：85-89.

[6] 王琪，等. 西藏尼洋河多布水电站环境影响报告书[R]. 西安：中国电建集团西北勘测设计研究院有限公司，2012.

[7] 谭细畅，黄鹤，陶江平，等. 长洲水利枢纽鱼道过鱼种群结构[J]. 应用生态学报，2015，26（5）：1548-1552.

[8] 王世玉，宋海峰，陈正平，等. 鱼道过鱼监测系统的研究与应用[J]. 水电与抽水蓄能，2019（3）.

[9] 温静雅，陈昂，曹娜，等. 国内外过鱼设施运行效果评估与监测技术研究综述[J]. 水利水电科技进展，2019，（5）：49-55.

[10] 王琪，吕玥，李天宇，等. 西藏尼洋河多布水电站鱼道初步设计报告[R]. 西安：中国电建集团西北

勘测设计研究院有限公司，2014.

[11] 李天宇，任苇，王琪，等. 多布水电站鱼道布置设计[J]. 西北水电，2017（2）：44-47.

[12] 李志华，王珂，刘少平，等. 鱼道：设计、尺寸及监测[M]. 北京：中国农业出版社，2009，10.

[13] 陈国柱，王猛，王海胜，等. 枕头坝一级水电站竖缝式鱼道过鱼效果初探[J]. 水力发电，2018，44（7）：4-8，58.

[14] 王义川，王煜，林晨宇，等. 鱼道过鱼效果监测方法述评[J]. 生态学杂志，2019，38（2）：586-593.

[15] 沈红保，郭丽. 西藏尼洋河鱼类组成调查与分析[J]. 河北渔业，2008（5）：51-54，60.

[16] 林旭元，李爱民，艾涛，等. 丁鱥苗种循环水保种培育试验[J]. 新疆农垦科技，2020，299（9）：32-34.

枕头坝一级水电站鱼道过鱼效果监测

王　猛　赵再兴　陈　凡　杜健康　陈国柱　马卫忠

（中国电建集团贵阳勘测设计研究院有限公司，贵阳 550081）

摘　要：采用渔获物调查、水声学探测、鱼道视频监测记录和 PIT 标记试验相结合的方法对枕头坝一级水电站鱼道过鱼效果进行监测。监测结果显示：2017 年 6—9 月和 2018 年 3—5 月（一个完整过鱼季节）共采集到鱼类 42 种，22 种鱼类通过枕头坝一级水电站鱼道上溯。鱼类上溯存在季节和昼夜差异，4—7 月鱼类上溯最多，夜晚（20:00—8:00）过鱼情况明显好于白天（8:00—20:00）。监测结果初步证明高水头、长距离的竖缝式鱼道能起到很好的消能效果，竖缝式鱼道能承担高坝过鱼的重任。本文在分析枕头坝一级水电站过鱼效果及影响因素分析的基础上，提出了鱼道适应性优化策略，以期为其他工程提供参考。

关键词：竖缝式鱼道；过鱼效果；适应性优化

1　引言

拦河筑坝的最直接影响是阻隔效应，很多依赖于水的自然交流的生态过程受阻[1,2]，其中大坝的阻隔效应直接影响鱼类的洄游和种群间基因交流，如何减缓大坝的阻隔效应受到各界人士的关注。修建鱼道等过鱼设施已成为缓解闸坝阻隔效应的重要措施。

鱼道最早出现在 17 世纪的欧洲[3]。伴随着水利水电工程的蓬勃发展，鱼道在欧美以及日本等国家和地区快速兴起。截至 20 世纪末，北美地区和日本建成 1 800 余座鱼道[4,5]（其中，北美地区 400 余座，日本 1 400 余座）。国外已建鱼道除了少数的高水头鱼道外，大部分鱼道水头较低。目前，国外水头最高的鱼道为巴西伊泰普水电站鱼道，鱼道爬升高度 120 m，全长 10 km[5]。

作者简介：王猛（1988—），男，高级工程师，主要从事环境保护设计研究。E-mail：1424075610@qq.com。

通信作者：马卫忠（1981—），男，高级工程师，主要从事生态环境保护研究。E-mail：123214989@qq.com。

我国鱼道最早出现在 1958 年富春江七里垄电站。20 世纪 60—80 年代，鱼道迅猛发展，在东部沿海和长江下游平原地区建设了 40 余座低水头鱼道[6]；80—90 年代因种种原因，鱼道研究和建设陷入停滞[7]；进入 21 世纪，在维持河道流通性与生态环境保护的客观需求下，我国鱼道研究进入新阶段。随着我国水能资源开发进程的加快，我国水利水电工程逐渐向西南转移，西南地区河流大比降、窄河谷的特点造成鱼道过鱼水头较高，高水头、长距离的鱼道随之出现。高水头鱼道因过鱼水头高，鱼道爬坡长，鱼类顺利通过鱼道往往需要较长时间，过鱼条件相对复杂。枕头坝一级水电站鱼道最大过鱼水头 34 m，鱼道全长 1 228.25 m[8]，属于典型的高水头、长距离鱼道，本文以枕头坝一级水电站鱼道为例，结合原型监测，分析长距离鱼道的过鱼效果以及影响过鱼效果的因素，以期为其他工程提供参考。

2　工程概况

枕头坝一级水电站是大渡河干流水电梯级调整规划的第 22 个梯级，位于大渡河中游乐山市金口河区境内。电站采用堤坝式开发，装机容量为 720 MW，多年平均发电量为 32.90 亿 kW·h。工程枢纽主要由左岸非溢流坝、鱼道、河床式厂房、泄洪闸、右岸非溢流坝组成。最大坝高为 56.0 m，泄洪闸坝段长为 89.5 m，设 5 孔泄洪闸。枕头坝一级水电站鱼道沿大坝左岸布置，总长为 1 228.25 m，上下水头差 34 m，采用竖缝式横隔板鱼道槽身。鱼道池室坡度 i 为 3.3%，长 2.5 m，宽 2.0 m，竖缝宽 0.3 m，隔板高 2.7 m。每隔 24 个池室设置长 5 m 的标准休息池。鱼道整体设置了 2 个观测室，3 个进口，3 个出口，进口和出口工作水深均为 1.0~2.5 m。该鱼道工程 2015 年建成投运（图 1）。

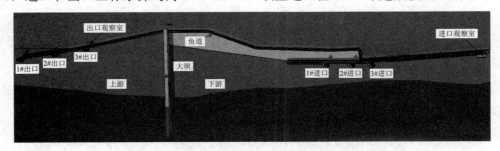

图 1　枕头坝一级水电站鱼道布置示意图

根据枕头坝一级水电站鱼道设计任务，主要过鱼目标分为 3 类：第 1 类，如齐口裂腹鱼（*Schizothorax prenanti*）和重口裂腹鱼（*Schizothorax davidi*），资源量较大，是主要过鱼对象；第 2 类，如青石爬鮡（*Euchiloglanisdavidi*）、裸体鰋鮀（*Xenophysogobio nudicorpa*）、大渡白甲鱼（*Onychostoma daduense*）、侧沟爬岩鳅（*Beaufortia liui*），在该

河段资源量较低，为四川省保护鱼类，从物种保护的角度将其作为兼顾过鱼种类；第 3 类，为兼顾坝上坝下基因交流，而列为兼顾过鱼对象，可以随机通过[8,9]。鱼道运行期为每年 3—9 月（目标鱼类繁殖季节），每年主要过鱼季节为春季 3—4 月及秋季 8—9 月。

3　过鱼效果观测

3.1　材料与方法

3.1.1　鱼道水动力条件监测

通过收集电站运行资料，统计分析坝上坝下水位变化情况；采用深度传感器和多普勒测深仪测定池室水深；采用便携式直读流速仪和旋桨流速仪测定鱼道竖缝流速。

3.1.2　坝下渔获物调查

2017 年 6—9 月和 2018 年 3—5 月（鱼类的繁殖季节，涵盖 1 个完整的过鱼季节）在坝下 2 km 河段进行渔获物调查，即在坝下距鱼道进口 0.4 km、0.8 km 和 2 km 处采用 3 层流刺网进行捕捞，每次采样持续时间为 12 h，每个地点 4 张网，每次持续 5 d 以上。

3.1.3　坝下水声学探测

2018 年 4 月 6 日，利用 EY60 鱼探仪在坝下 1 km 河段进行"之"走航探测，水声学探测时船速为 8 km/h。2018 年 5 月 24—25 日，在坝下鱼道进口 500 m 范围河段左右岸水声学定点探测，两个探测地点分别为：S1（E103°3′6.12″，N29°14′6.12″，坝下右岸，距鱼道进口 360 m）和 S2（E103°2′51.9″，N29°14′11.88″，坝下左岸，2#进口处）（图 2）。

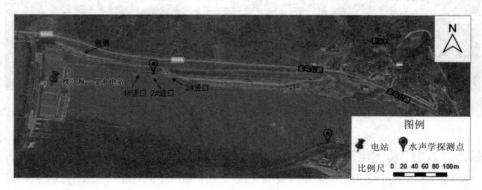

图 2　坝下水声学定点探测位置示意图

3.1.4　鱼道视频观测

参照《鱼道：生物学依据、设计标准及监测》中所述的过鱼记录系统，在枕头坝一级水电站鱼道上、下游观测室观测窗前分别设置一组视频监测装置[12]（图3）。视频测装置包括拦鱼导鱼板、摄像机、存储器和显示屏等构件，拦鱼导鱼板上画有刻度线，用以测量过鱼对象的长度，摄像机和存储器24 h不间断运行和存储。依据《四川鱼类志》[13]《中国淡水鱼类检索》[14]和渔获物调查结果进行种类鉴定，鱼体体长计算公式如下：

$$L = \frac{L_1}{L_2} \times L_0$$

式中，L为鱼类个体的实际长度；L_0为视频画面中鱼类个体的长度；L_1为实际矩形方框长；L_2为视频中矩形方框长。

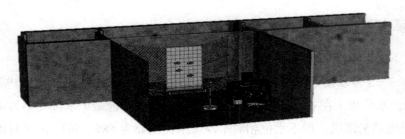

图3　鱼道内视频监测装置示意图

3.1.5　鱼道内通过性试验

本研究在枕头坝一级水电站鱼道沿程共设置4个PIT信号接收主机（图4）。每个接收主机连接1个PIT线圈，用以探测并记录标记实验鱼通过的时间及编号等信息。2017年8月和2018年9月分别开展鱼类通过性试验，标记放流情况见表1。

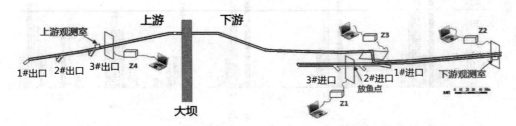

图4　PIT检测布置点（Z1~Z4为PIT监测布置点）

表 1   PIT 标记信息

批次	日期	标记种类及数量/尾	总尾数/尾	体长范围/cm
1	2017.8.28	齐口裂腹鱼（64）、重口裂腹鱼（5）、大口鲇（3）	72	21.0～50.0
2	2017.8.30	白缘䱀（3）、泉水鱼（3）、红尾副鳅（2）、大口鲇（3）	11	9.7～19.0
3	2017.8.31	齐口裂腹鱼（3）、重口裂腹鱼（3）、白缘䱀（2）、泉水鱼（2）	10	11.9～34.5
4	2018.9.1	齐口裂腹鱼（80）、重口裂腹鱼（20）	100	26.7～39.8

3.2   结果与分析

3.2.1   鱼道水动力学条件

（1）上下游水位。

2018 年 3—5 月以及 8 月坝前水位相对平稳，主要为 621～623 m；7 月电站泄洪，坝前水位降低，水位集中在 618～619 m。整个过鱼季节，坝前最大水位变幅为 4.93 m。

3—5 月电站未泄洪，坝下水位相对平稳，水位主要为 589～591 m；7 月电站泄洪，坝下水位较高，水位集中在 592～594 m；8 月坝下水位波动频繁，水位主要为 590～594 m。整个过鱼季节，坝下最大水位变幅为 7.12 m（图 5）。

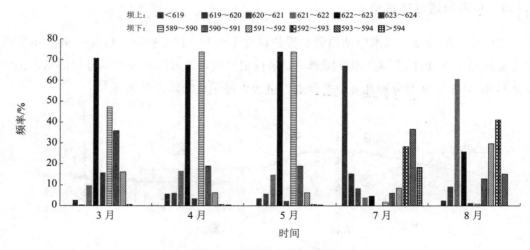

图 5   坝上坝下水位变化情况

（2）鱼道水动力学指标。

枕头坝一级鱼道池室沿程水深相对平稳，以典型过鱼季节 8 月为例，整个鱼道沿程水深变化为 0.73～1.1 m。鱼道竖缝流速为 0.2～1.7 m/s，最小流速出现在鱼道进口段，最大流速出现在鱼道下游观测室后的转弯段。

3.2.2 坝下鱼类组成及时空分布

2017 年 6 月—2017 年 9 月以及 2018 年 3—6 月在调查期间总共捕获鱼类 1 352 尾，隶属于 3 目、9 科、29 属、42 种，3 个采样点采集鱼类种类及体长无显著差异（$P > 0.05$）。优势种是齐口裂腹鱼（14%）、泉水鱼（10%）、鳌（23%）、白缘𫚥（8%）、泥鳅（7%）、青石爬鮡（6%），其他种类总计占 32%。

根据坝下渔获物调查分析，从月份上来看，坝下鱼类上溯时间从 3 月底，4 月初开始，5 月、6 月上溯数量达到最大，7 月开始鱼类上溯数量逐渐减少。从鱼类生理学的方面和外界水环境条件推断，枕头坝江段水域 4—7 月水温对于鱼类繁殖最为合适，大部分性成熟鱼类可能选择该时段上溯至上游水域进行生殖活动（图 6）。根据水声学观测，从鱼类昼夜活动来看，坝下的上溯鱼类数量昼夜差异明显，夜间显著多于白天（$P < 0.05$），各小时通过的个体数量表明 8:00—20:00 鱼类个体的数量先减少再增加（图 7）。

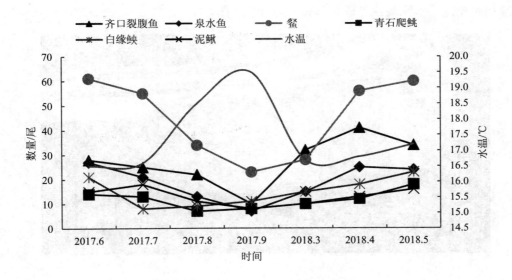

图 6　坝下鱼类优势种数量季节差异

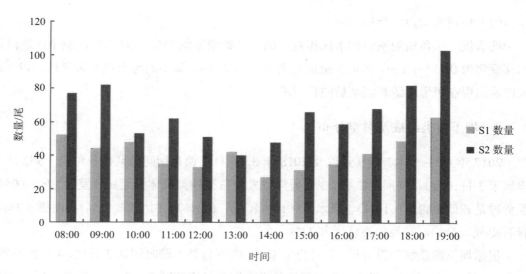

图7 坝下鱼类昼夜变化

　　根据水声学监测,从空间分布上来看,在纵向上,鱼类个体主要分布聚集在坝下 600 m 范围内,距坝越近,数量相对越多,这与大部分鱼类具有趋流性,尽可能循着水流溯流而上到最上游处(物理障碍物或流速流态屏障)的已有认识相符[10,11];在横向上,靠近两岸岸边鱼类数量较多,河道中部鱼类数量相对较少[11],这与河道中部流速过高,岸边流速相对较低,水流条件更适宜鱼类上溯有关(图 8)。

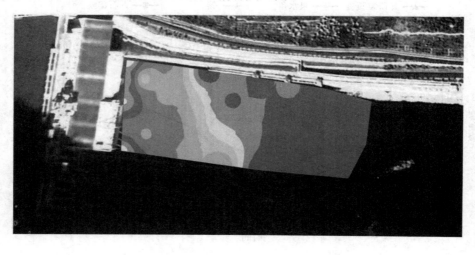

图例

5.000 220 299~7.333 465 152	9.666 710 007~11.999 954 86	14.333 199 72~16.666 444 57	18.999 689 43~21.332 934 27	23.666 179 14~25.999 423 98
7.333 465 153~9.666 710 006	11.999 954 87~14.333 199 71	16.666 444 58~18.999 689 42	21.332 934 28~23.666 179 13	

图8 坝下鱼类集群分布示意图

3.2.3　鱼道内的种类组成

2017 年 6—9 月以及 2018 年 3—5 月在枕头坝一级水电站鱼道下游观测室共观察到鱼类 219 尾，共计 22 种，可辨别到种的有 7 种，辨别到属的有 9 种，未知的有 6 种，进入鱼道内的过鱼种类占该水域总种类数的 52.38%。鱼道内部优势种为鮡属、鳘属、裂腹鱼属、白缘䱀，同时拥有少量的青石爬鮡、鳅类、泉水鱼等。2018 年 3—4 月，由于鱼道设备改造，影响鱼道正常运行，鱼道内视频记录的鱼类数量相对较少。

视频监测数据显示，鱼道内鱼类上溯种类和数量与鱼道内水位密切相关，水深为 1.0～2.5 m 时，上溯个体比例高达 87.2%，其中水深在 1.5～2.0 m 时，鱼类上溯数量最大[12]。对比坝下和鱼道内共有的优势种中数量大于 50 尾的种类（白缘䱀、鳘属），位于鱼道内的个体位较坝下个体偏大（图 9）。

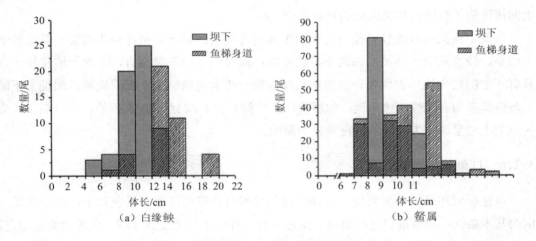

图 9　坝下与鱼道内部共有优势种体长频率分布直方图

3.2.4　鱼道通过性

通过 2017 年 PIT 试验，Z2 监测断面鱼类通过率为 71%，Z3 监测断面鱼类通过率为 25%，Z4 监测断面鱼类通过率为 23.7%。通过 2018 年 PIT 试验，Z2 监测断面鱼类通过率为 81%，Z3 监测断面鱼类通过率为 24%，Z4 监测断面鱼类通过率为 19%。PIT 监测显示试验鱼通过鱼道过坝鱼类用时最短为 21 小时 23 分，最长为 168 小时 12 分。

2017 年 PIT 试验和 2018 年的 PIT 试验均在当年 8 月底 9 月初进行，两次试验电站运行调度工况相似，水温、溶解氧、流速和 pH 等水环境条件也类似。两次 PIT 试验数据显示 Z2 PIT 监测断面与 Z3 PIT 监测断面，鱼类通过率骤降，经现场流速测量，Z2 至 Z3 断面鱼道区段部分池室因竖缝较小，流速较大，表面流速达 1.7 m/s，导致部分鱼类（尤其是规格较小，游泳能力较弱的鱼类）很难克服流速阻力上溯。

3.2.5 鱼类活动时间节律

渔获物调查发现鱼类上溯存在季节差异，4—7月采集数量逐渐增多，8—9月采集量又逐渐降低。水声学监测结果表明坝下鱼类上溯也存在昼夜差异，夜间鱼类探测量显著多于白天（$P<0.05$）。坝下鱼类昼夜活动节律与鱼道内活动规律相同[12]，2017年9月6—20日，鱼道内部PIT试验中共监测信号1 910个，其中白天（8:00—20:00）共监测到信号837个，占信号总数的43.82%。夜晚（20:00—次日8:00）共监测到信号1 073个，占信号总数的56.18%。2018年9月10—25日，鱼道内部PIT试验中共监测信号2 875个，其中白天（8:00—20:00）共监测到信号1 266个，占信号总数的44.03%。夜晚（20:00—次日8:00）共监测到信号1 609个，占信号总数的55.97%。PIT监测信号也间接证明了鱼道内鱼类活动的昼夜节律。

鱼类上溯的昼夜差异可能与鱼类的生活习性相关：对于底栖性鱼类而言，其眼径通常较小，较喜欢弱光环境，偏向于昼伏夜出；而对中上层鱼类而言，其眼径通常较大，具有一定的趋光性，表现为昼出夜伏。枕头坝一级水电站位于大渡河流域，坝址上下游土著鱼类多为喜流性底栖鱼类，如裂腹鱼、蛇鮈、青石爬鳅、白缘䱀等，这可能是鱼道内鱼类上溯呈现较为明显的昼夜差异的原因。

3.2.6 过鱼效果影响因素

以往研究和现场监测发现，为保证过鱼设施有良好的性能和过鱼效果，必须满足一定的基本条件：鱼道进口连续出流，流态适合，且位于鱼类集群区域；鱼道内流态稳定，流速和水深适宜；鱼道的运行调度切合鱼类的活动规律；鱼道出口水深适宜，远离溢洪道、电站进水口等泄水、取水建筑物。

枕头坝一级水电站鱼道的布置设计是在鱼类游泳能力测试和水力学模型试验的基础上开展的，并根据坝上和坝下水位变幅情况和水流条件布置了3个鱼道进口和3个鱼道出口，鱼道3个进口均布置在左岸，尾水下游240 m以内范围，位于鱼类集群区域范围内，保证了鱼道进口的适宜性。鱼道内根据水力学模型试验，设置了单侧竖缝隔板，保证了鱼道水流的消能和流态的适宜性，现场水力学监测也表明鱼道内相邻池室水深和水面线也相对稳定。现场监测发现，鱼道内的水深、流速和运行调度对过鱼效果影响较大：①鱼道内水深小于0.5 m时，鱼道内鱼类上溯量极低，水深在1.0~2.5 m时，上溯个体比例达87.2%；②鱼道的竖缝流速是鱼类通行的限制因素，当竖缝流速在0.2~1.3 m/s时，鱼类通过比例达71%以上，当竖缝流速大于1.6 m/s时，枕头坝鱼道的通过率极低；③鱼道的运行时间与过鱼效果关系密切，夜晚（20:00—次日8:00）过鱼效果明显好于白天；

④鱼道内的漂浮垃圾容易阻塞鱼道，是鱼类通行的不利因素。

4 鱼道适应性优化策略

国外已见很多鱼道过鱼效果监测与评估研究工作的报道。如美国相关研究者在哥伦比亚河及其支流蛇河各鱼道采用视频观测和 PIT 标记技术，实时监测鱼类通过鱼道的情况并记录过鱼数量[15,16]；日本长良川河口堰鱼道采用录像方式记录香鱼幼鱼过闸的数量[15]；巴西伊泰普鱼道采用无线电监测洄游鱼类的游动范围及对不同水流条件下的适应情况[15]；韩国研究者采用张网法和无线电监测法对锦江鱼道进行逐月监测[17]。国内过鱼设施研究起步晚、历时短，近年来，随着部分鱼道工程的建成投运，过鱼效果监测与评估逐渐展开。1975 年徐维忠[18]等采用人工观测方法记录洋塘鱼道过鱼数量；2012年王珂[19]等采用网具回捕和水声学相结合的方式对崔家营航电枢纽工程鱼道进行监测；2015 年张艳艳等[20]采用张网法和截堵法对水厂坝鱼道进行监测；2017 年马大海等[21]等采用视频观测、水声学探测和 PIT 试验等手段对 ZM 鱼道过鱼效果进行监测分析。本研究基于国内外研究现状和现有技术，采用更加成熟的监测手段对鱼道环境条件（水力学指标监测、水温监测）和过鱼情况（视频观测、渔获物调查、水声学探测和 PIT 标记试验）分别进行监测。根据原型监测结果对影响过鱼效果的因素进行讨论分析，并提出了鱼道优化的建议。

4.1 工程改造方案

4.1.1 进口改造

枕头坝一级水电站鱼道进口底板垂直悬空，未与河床相接，而枕头坝一级水电站的过鱼对象有鳅科和鮡科等营攀爬吸附生活的鱼类，为提供鱼道进口的适宜性和有效性，可在进口设置接底设施。

4.1.2 池室改造

枕头坝一级水电站鱼道坝下部分区段（鱼下 0+510.80～鱼下 0+318.80）因竖缝过小，造成竖缝流速过大，影响鱼道内部鱼类通行。为改善鱼道池室水流条件，可对鱼下 0+510.80～鱼下 0+318.80 区段进行改造，通过在缝宽过窄处的长隔板上增设底孔，以扩大过流面积，降低竖缝流速，破解鱼类上溯流速屏障。

4.2 运行调度的优化方案

4.2.1 电站运行

枕头坝一级水电站在不影响防洪和发电效益的情况下，应尽可能维持高水位运行，以保证过鱼季节鱼道正常运行水深；发电机组运行时，优先开启靠近鱼道侧机组，以增大鱼道进口诱鱼集鱼效果。

4.2.2 鱼道运行

鱼道运行应重点保障 4—7 月，并加强夜间运行调度（20:00—次日 8:00）；鱼道调度应根据上下游水位变化，对鱼道进水量和运行水位进行控制，保证鱼道内水深在 1.0～2.5 m 范围；鱼道出口闸门开启根据坝上水位选择，鱼道进口根据下游水位进行选择，当下游水位过高时，开启诱鱼水流，塑造较强的吸引流条件。

4.3 运行管理优化方案

4.3.1 鱼道运行维护

枕头坝一级水电站鱼道成立专门的鱼道管理部门，并隶属于枕头坝电厂运行维护处，配置专职和兼职人员，负责日常运行和管理，包括设备保养和观测统计、资料的研究发布和科普展示等工作。

4.3.2 鱼道垃圾清理

大渡河枕头坝段存在大量的漂浮垃圾，为了解决垃圾堵塞问题，中国电建集团贵阳勘测设计研究院有限公司在开展枕头坝一级水电站鱼道运行观测时，利用"上溯鱼类"和"漂浮垃圾"的自主选择性设计了一个类似"八字网"的鱼道内部垃圾拦截清理装置，既不影响鱼道运行，又方便垃圾清理[22]。

5 结语

通过对枕头坝一级水电站鱼道开展原型监测和过鱼效果评估分析，初步证明高水头、长距离的竖缝式鱼道能起到很好的消能效果，能承担高坝过鱼的重任，为了获得更好的过鱼效果，还需在以下几个方面加强研究：

（1）在鱼道设计阶段，设计人员应重视鱼道的设计和基础研究。首先，要调查论证好过鱼种类、过鱼习性以及设计水位等基础资料；其次，要结合地形地质条件、环境因素等，做好鱼道布置以及池室设计。针对高水头、长距离鱼道，还应根据鱼类游动习性，合理设置休息池和中转场。

（2）在鱼道施工阶段，施工单位和监理单位应加强工程质量管控。鱼道是基于鱼类生态行为，通过逐级消能，塑造出满足鱼类上溯的水流条件。鱼道各部位结构参数是在鱼类游泳能力、水力学试验的基础上设定的，鱼道施工成品与设计的符合度越高，鱼道的亲鱼性越强。鱼道多为钢筋混凝土结构，工程监测后改造困难，在施工期应加强工程质量管控，保障施工质量，还原鱼道设计参数。

（3）鱼道的有效运行，需要反复经历"运行实践—监测评估—适宜管理—运行调试"的过程，其中监测评估和适应管理是至关重要的环节，在鱼道运行阶段，应加强鱼道监测评估，以监测评估过鱼效果，并指导鱼道运行。

参考文献

[1] 刘志雄，周赤，黄明海. 鱼道应用现状和研究进展[J]. 长江科学院院报，2010，27（4）：28-35.

[2] 杨军严. 初探水利水电工程阻隔作用对水生动物资源及水生态环境影响与对策[J]. 西北水力发电，2006，4（22）：22-29.

[3] 边永欢. 竖缝式鱼道若干水力学问题研究[D]. 北京：中国水利水电科学研究院，2015.

[4] 曹庆磊，杨文俊，周良景. 国内外过鱼设施研究综述[J]. 长江科学院院报，2010，27（5）：39-43.

[5] 吴剑疆，邵剑南，李宁博. 水利水电工程中高水头鱼道的布置和设计[J]. 水利水电技术，2016，47（9）：34-38，54.

[6] 曹娜，钟治国，曹晓红，等. 我国鱼道建设现状及典型案例分析[J]. 水资源保护，2016，32（6）：156-162.

[7] 易伯鲁. 关于长江葛洲坝水利枢纽工程不必附建过鱼设施的意见[J]. 人民长江，1981，12（4）：4-9.

[8] 李丹丹，高传彬，李刚，等. 枕头坝一级水电站鱼道布置设计[J]. 人民长江，2014，45（24）：82-84，88.

[9] 徐海洋，魏浪，赵再兴，等. 大渡河枕头坝一级水电站鱼道设计研究[J]. 水力发电，2013，39（10）：5-7.

[10] 南京水利科学研究所. 鱼道[M]. 北京：电力工业出版社，1982.

[11] 侯轶群，蔡露，陈小娟，等. 过鱼设施设计要点及有效性评价[J]. 环境影响评价，2020，42（3）：19-23.

[12] 陈国柱，王猛，王海胜，等. 枕头坝一级水电站竖缝式鱼道过鱼效果初探[J]. 水力发电，2018，44（7）：4-8，58.

[13] 丁瑞华. 四川鱼类志[M]. 成都：四川科学技术出版社，1994.

[14] 朱松泉. 中国淡水鱼类检索[M]. 南京：江苏科学技术出版社，1995.

[15] 白音包力皋，郭军，吴一红. 国外典型过鱼设施建设及其运行情况[J]. 中国水利水电科学研究院报，2011，9（2）：116-120.

[16] 魏永才，余英俊，丁晓波，等. 射频识别技术（RFID）在鱼道监测中的应用[J]. 水生态学杂志，2018，39（2）：11-17.

[17] Yoon J D，Kim J H，Yoon J，et al. Efficiency of modified Ice Harbor-type fishway for Korean freshwater fishes passing a weir in SouthKorean[J]. Aquatic Ecology，2015，49：417-429.

[18] 徐维忠，李生武. 洋塘鱼道过鱼效果的观察[J]. 当代水产，1982（1）：21-27.

[19] 王珂，刘绍平，段辛斌，等. 崔家营航电枢纽工程鱼道过鱼效果[J]. 农业工程学报，2013，29（3）：184-189.

[20] 张艳艳，何贞俊，何用，等. 低水头闸坝工程鱼道过鱼效果评价[J]. 水利学报，2017，48（6）：748-756.

[21] 马大海，曾荣俊. ZM 水电站鱼道过鱼效果监测研究[C]. 第七届水利水电生态保护研讨会暨中国水力发电工程学会环境保护专委会学术论文集，2018.

[22] 王猛，谭文超，罗思，等. 一种便携式鱼道内部垃圾拦截及清理装置[P]. 中国，CN209194483U. 2019-08-02.

沙坪二级水电站鱼道鱼类通过效果观测

张宏伟[1]　康昭君[1]　李　茜[1]　何季峰[2]

（1. 中国电建集团成都勘测设计研究院有限公司，成都 610072；

2. 国电大渡河流域水电开发有限公司，成都 610000）

摘　要：为了研究沙坪二级水电站鱼道过鱼效果，优化完善鱼道设计和运行管理，2019 年 3—5 月采用水下视频观测设备和 PIT 监测设备对沙坪二级水电站鱼道开展过鱼效果观测。通过现场观测，鱼道内部运行水位在 1.05～1.25 m，鱼道竖缝流速范围为 0.68～1.36 m/s。水下视频观测数据显示鱼道进口段总共过鱼 131 尾次，其中上行 108 尾次、下行 23 尾次；鱼道出口段总共过鱼 61 尾次，其中上行 53 尾次、下行 8 尾次。主要过鱼种类包括齐口裂腹鱼、重口裂腹鱼、红尾副鳅和蛇鉤等。PIT 监测数据显示试验阶段鱼道运行工况下，鱼类通过率为 65%。

关键词：鱼类通过效果；鱼道通过效率；PIT

　　鱼道是一种重要的过鱼设施，对于恢复流域生境连通和促进工程上下游鱼类基因交流方面发挥了重要作用[1,2]。自从鱼道问世以来，国内外对鱼道过鱼效果研究开展了较多的工作。国外用于过鱼效果研究的主流方法可分为计数方法和标记方法两大类。计数方法主要有诱捕统计、自动电阻计数器计数、视频观测计数、红外扫描计数和声学探测计数；标记方法包括视觉标记、生物标记和遥测技术[3,4]。在我国，鱼道过鱼效果研究工作较国外滞后，2013 年李捷[5]等采用堵截法和张网法对连江西牛鱼道过鱼效果进行观测，统计分析了过鱼数量、过鱼种类和过鱼个体大小；2011—2014 年谭细畅等[6]利用堵截法对长洲水利枢纽鱼道过鱼种群结构进行了评估；2013 年王珂[7]等采用网具回捕和水声学监测相结合的方法，对通过崔家营航电枢纽工程鱼道鱼类的种类、规格、数量和生

作者简介：张宏伟（1987—），男，四川成都人，农业推广硕士，工程师，主要从事水生态保护工作。E-mail：564694139@11.com。

物学性状进行了调查；2015—2016 年张艳艳[8]等采用张网法统计分析了广州流溪河水厂坝鱼道的过鱼种类组成，并分析了季节、上游水位对鱼道过鱼效果的影响。随着我国鱼道的建设和发展，过鱼效果监测的技术手段和方法也在不断进步。

沙坪二级水电站位于四川省乐山市峨边县和金口河区境内、峨边县城上游约 7 km，工程河段生境类型较多，鱼类资源较为丰富，沙坪二级水电站鱼道对该河段水生态保护有着重要的意义。本研究利用水下视频观测和 PIT 试验，结合鱼道内部水位运行和竖缝流速监测对鱼道通过效果进行研究，为今后的鱼道过鱼效果研究方法提供了新的思路，同时也为鱼道内部结构优化和鱼道与电站联合运行调度积累了经验。

1 材料与方法

1.1 鱼道整体设计

沙坪二级水电站鱼道出口段布置在泄洪闸与厂房间纵向导墙上，在厂房尾水闸门下游采用渡槽横跨尾水渠，其余沿大渡河左岸岸坡布置，进口段布置在尾水渠出口下游约140 m 处。鱼道由下至上由进口鱼道池室、休息池、观测室、出口等组成。

鱼道主进口布置在尾水渠出口下游，进口高程为 532.00 m，并在高程 534.00 m 处设一辅助进口，在鱼道进口处各设一扇工作门。鱼道出口布置在纵向导墙上游泄洪闸侧，在高程 552.50 m 和 548.80 m 处各设一出口，出口处各设一扇工作门。鱼道出口段受纵向导墙上游段长度限制，进口段受进口位置布置限制，鱼道采取连续"绕弯"方式布置，其余采用单向布置，全长为 971.23 m。鱼道采用单竖缝式结构，净宽为 2.0 m，单个池室长度为 2.4 m，坡降为 2.6%；平均 1.5 m 水头设置 1 个休息池，池长 4.8 m，休息池坡降为 1.3%，其中渡槽段为一坡降为 0 的大型休息池；竖缝宽 0.3 m，与鱼道轴线呈 45°角。隔板数为 330 个，隔板厚度为 30 cm，隔板形式为"L"形，隔板沿水流方向长为 50 cm，并在顺水流方向隔板底部设一过鱼孔，孔口尺寸为 30 cm×30 cm（宽×高）。鱼道除跨尾水渠段建筑物为渡槽形式外，其他建筑物采用混凝土重力式断面形式。渡槽顶部与尾水平台持平，左岸岸坡段墙顶高程按 6 台机组满发下游水位加安全超高控制。厂坝间纵向导墙上鱼道顶高程 557.00 m 和 549.85 m，左岸岸坡段顶高程为 545.00～540.00 m。

沙坪二级水电站鱼道平面布置图见图 1。

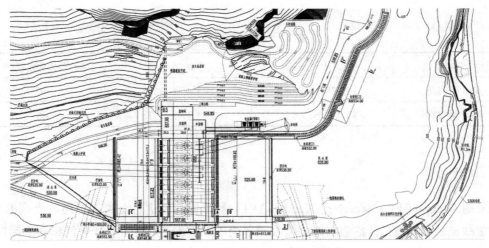

图 1　沙坪二级水电站鱼道平面布置

1.2　鱼道池室编号

根据鱼道现场实际情况，以暗涵段为界，将鱼道分为坝上段和坝下段，坝上段编号为 A 段，坝下段编号为 B 段，休息池单独编号为 C；从上游至下游，沿程依次为池室编号，其中最上游出口第 1 个池室为 A1，暗涵段下游第 1 个池室为 B1，最上游休息池为 C1。其中，坝上段鱼池总数为 97 个，休息池数为 0，坝下段鱼池总数为 233 个，休息池总数为 9 个。池室编号情况见表 1。

表 1　池室编号情况

编号段	鱼池数量/个	休息池数量/个
坝上 A 段	97	0
坝下 B 段	233	9
总计	330	9

1.3　试验对象

试验对象选择沙坪二级水电站主要过鱼对象为齐口裂腹鱼和重口裂腹鱼，试验鱼全部来自天然水体，由渔民捕捞后，运至瀑布沟鱼类增殖放流站暂养，暂养期间利用浓度为 0.5 mg/L 的戊二醛和浓度为 0.5 mg/L 的亚甲基蓝溶液对鱼体表进行消毒，以免试验对象在捕捞运输过程中受伤感染。试验鱼基础数据见表 2。

表2　试验鱼基础数据

鱼种	平均体长/mm	平均体重/g	标记放流数量/尾
齐口裂腹鱼	352.78±30.26	275.86±18.85	60
重口裂腹鱼	317.32±27.65	255.37±10.78	60

1.4　试验设备

采用 Oregon RFID Receiver（Version 3.91）数据接收机进行鱼类在鱼道内上溯的 PIT 标记跟踪记录。该 PIT 设备感应天线接收频率为 134.2 kHz 为国际上针对低频动物跟踪的标准频率；电感值范围为 21.0～281.3 uH，最佳电感值范围为 30～100 uH。

1.5　标记放流

2019 年 4 月 2 日，从天然水域中捕捞齐口裂腹鱼和重口裂腹鱼渔获物共 175 尾，运输至瀑布沟水电站鱼类增殖放流站暂养。暂养期间利用流水养殖，保证水体溶解氧达到 5 mg/L 以上，每隔 1 天用消毒剂浸泡对鱼体进行消毒，用浓度为 0.5 mg/L 亚甲基蓝溶液浸泡预防鱼类生长水霉，避免试验鱼因为在捕捞过程中受伤而感染死亡。

2019 年 4 月 10 日，据统计渔获物死亡 12 尾，剩余 163 尾。挑选体质较好的齐口裂腹鱼 60 尾和重口裂腹鱼 60 尾进行 PIT 标记，标记过程中，先用浓度为 15 ppm（1 ppm=10^{-6}）的鱼安定（ms-222）进行麻醉，在标记完成后，放入流水池中进行恢复。2019 年 4 月 13 日，标记的 120 尾试验鱼全部存活，利用氧气袋，每 10 尾一袋进行打包，装箱上车运输至沙坪二级水电站鱼道现场，途中利用冰块进行降温处理。运至沙坪后，未发现试验鱼死亡，在沙坪二级水电站鱼道观察室临时水池内暂养 1 天后，发现试验鱼死亡 2 尾，均为重口裂腹鱼。利用 PIT 扫码器逐一检测试验鱼 PIT 标记脱落情况，未发现有标记脱落情况。选择剩余体质较好的试验鱼共 100 尾，在鱼道 2#进口上游 C9 休息池放入鱼道开始试验。试验鱼标记数据相关情况见表 3。

表3　试验鱼标记数据统计

鱼种	标记尾数/尾	存活尾数/尾	存活率/%	脱标率/%
齐口裂腹鱼	60	60	100	0
重口裂腹鱼	60	58	96.67	0

1.6 研究方法

1.6.1 水下视频观测

　　分别在鱼道进出口段安装水下视频系统，利用水下视频设备进行过鱼效果观测。供光灯安装在观测窗的对面。当照明灯安装在观测窗的对面时，鱼类显示出剪影轮廓，可通过影像来鉴别鱼类。调整好摄像头的距离和角度，对过鱼通道进行连续录像，通过回放视频，来分析通过种类、通过方向、通过时间和个体大小。鱼道水下视频布置点位见图 2 及表 4。

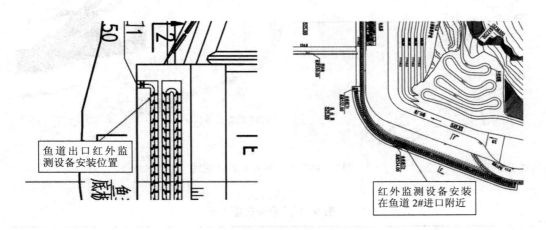

图 2　水下视频布置点位示意图

表 4　水下视频布置点位

监测点位	所在池室编号	鱼道内相对位置信息	备注
进口段水下视频监测点位	B180	位于 2#进口上游第 8 池室	监测鱼道进口段过鱼情况
出口段水下视频监测点位	A5	位于 2#进口下游第 2 池室	监测鱼道出口段过鱼情况

1.6.2 PIT 监测

　　本研究共设置 4 台 PIT 监测主机，从上至下分别位于鱼道 A2 池室、B5 池室、B175 池室和 B205 池室，编号分为 1#、2#、3#和 4# PIT 监测点位。每个 PIT 主机连接 1 个 PIT 线圈，用于接收试验鱼通过时间和编码的信息。试验结束后通过对 PIT 监测信息进行统计，分析鱼道过鱼效果。鱼道 PIT 监测点位见图 3 及表 5。

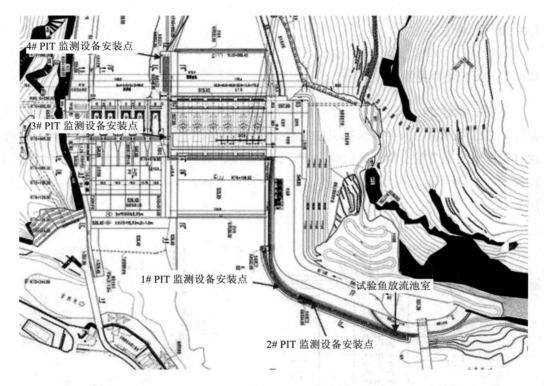

图 3　PIT 设备布置点位示意图

表 5　PIT 设备布置位点

监测点位	池室编号	备注
1#PIT 监测点位	A2	2#出口下游第 2 池室
2#PIT 监测点位	B5	过坝段下游第 5 池室
3#PIT 监测点位	B175	2#进口上游第 2 池室
4#PIT 监测点位	B205	1#进口上游第 5 池室
试验鱼标记放流点	C9	鱼道最下游休息池

1.6.3　竖缝流速测量

采用便携式直读流速仪和旋桨流速仪自上游至下游依次对异形体鱼池、弯道鱼池和感应线圈鱼池的竖缝处表面流速进行测量。由于最大流速通常出现在表层，因此主要测量表层流速。

1.6.4　鱼道通过效率计算

鱼道通过效率为通过鱼道出口段鱼类数量占鱼道放流试验鱼总数的百分比，通过 PIT

标记监测，统计标记放流鱼类通过鱼道出口监测断面的通过效率，公式如下：

$$E_f = \frac{N_p}{N_t} \times 100\%$$

式中：E_f 为鱼道的通过效率；N_p 为某个试验过程中通过鱼道出口监测断面的试验鱼数量；N_t 为鱼道进口段标记放流的试验鱼数量。

2　结果与分析

2.1　竖缝流速

试验开展期间，鱼道开启上游出口，鱼道内部运行水位为 1.05～1.25 m。通过对鱼道竖缝流速进行监测，竖缝流速最小为 0.68 m/s，最大为 1.36 m/s，平均流速为 0.93 m/s。沙坪二级水电站鱼道竖缝设计流速为 1.10～1.25 m/s，根据现场实测流速数据，有 21 处竖缝流速超过最大设计流速（表 6）。

表 6　超过最大设计流速竖缝统计

序号	池室编号	竖缝平均宽度/cm	竖缝流速/（m/s）	备注
1	B21	25	1.27	休息室
2	B23	26	1.27	
3	B29	26	1.27	
4	B30	25	1.27	
5	B31	22	1.29	
6	B39	24	1.27	
7	B61	25	1.27	
8	B64	23	1.29	
9	B71	22	1.29	
10	B72	20	1.31	
11	B73	18	1.28	
12	B74	17	1.36	
13	B75	20	1.30	
14	B76	17	1.35	
15	C4	24	1.26	休息室
16	B83	21	1.30	
17	B98	22	1.30	
18	C5	20	1.26	休息室
19	B104	22	1.28	
20	B105	23	1.28	
21	B117	24	1.27	

2.2 鱼道过鱼效果观测

通过 2019 年 3—5 月鱼道进出口段过鱼效果观测，鱼道进口段总共过鱼 131 尾次，其中上行 108 尾次，下行 23 尾次，绝对上行 85 尾次。鱼道出口段总共过鱼 61 尾次，其中上行 53 尾次，下行 8 尾次，绝对上行 45 尾次（表 7）。受到水体浑浊度影响，部分过鱼视频不能分辨种类，在可以识别的过鱼种类中，发现主要过鱼种类有齐口裂腹鱼、重口裂腹鱼、红尾副鳅和蛇鮈等。

表 7　鱼道过鱼数量统计

单位：尾

时间	进口段上行数量	进口段下行数量	出口段上行数量	出口段下行数量
3 月	17	9	9	1
4 月	32	5	19	2
5 月	59	9	25	5
合计	108	23	53	8

2.3 鱼道通过性

2019 年 4 月 15 日利用 PIT 标记试验共标记 100 尾鱼，在鱼道进口段从下游往上第一个转弯段的池室放入鱼道。经过 2019 年 4 月 15 日—5 月 5 日为期 21 d 的监测，PIT 试验放入 100 尾试验鱼中，其中 65 尾试验鱼被鱼道最上游 4#PIT 主机监测到最终过鱼信号，被判定为通过鱼道成功上溯进入库区，占试验鱼总数的 65%；20 尾试验鱼被鱼道下游进口附近 1#PIT 和 2#PIT 主机监测到最终过鱼信号，被判定为未能成功通道鱼道上溯，占试验鱼总数的 20%；12 尾试验鱼仅被过坝段附近的 3#PIT 监测设备监测到信号，但是未被安装在鱼道进口和出口的 PIT 监测设备监测到，占试验鱼总数的 12%；3 尾试验鱼未被任何主机监测到，占试验鱼总数的 3%。

3　讨论

3.1 PIT 试验的有效性

PIT 试验的原理主要是应用射频识别（RFID）技术来实现对标记试验鱼类的跟踪识别。射频是一种无线通信技术，通过射频标签与天线线圈之间的磁场交互交换能量和信息，PIT 标签注入试验鱼体内后，便记录了其初始体长、体重、种类和性别等基础数据，标记的试验鱼对应唯一的 PIT 编号。在整个试验过程中，标记个体无须回捕，可在不影响试验鱼类正常生活的前提下，利用 PIT 主机准确识别试验鱼通过的地点和时间等信息，同时结合编号信息可获取鱼类的基础数据。

本研究中 PIT 试验监测数据显示，除去重复监测的数据（鱼类在监测断面折返而重复监测），按照最终监测记录统计，位于鱼道出口的 4#PIT 主机监测到 65 个 PIT 标签的信号，位于鱼道进口的 1#PIT 和 2#PIT 主机监测到 20 个 PIT 信号，位于鱼道过坝段上游侧的 3#PIT 主机监测到 88 个 PIT 信号。除去重复监测到的信号，放入鱼道的共计 100 尾试验鱼中有 97 尾试验鱼的 PIT 信号被监测到，试验鱼监测率达到 97%。试验过程中未出现停电等异常情况，PIT 主机在坝下湿度相对较高的环境运行正常，监测灵敏度高，为试验成果提供了较高的保障。

PIT 试验相比传统的鱼道研究方法有较大的优势，建议在今后的鱼道通过效果研究中推广。

3.2 竖缝流速对鱼类通过效果的影响

根据研究经验，通常认为竖缝流速较大形成流速屏障是限制鱼类通过鱼道上溯的最大原因[9]。沙坪二级鱼道竖缝流速监测数据显示，鱼道有 21 处竖缝流速超过了最大设计流速，最大流速达到了 1.36 m/s，结合竖缝宽度和竖缝流速分析，其原因可能是施工过程中未能严格按照设计标准施工，部分竖缝宽度偏小，竖缝处出现壅水，从而导致竖缝处流速过大。但是高流速竖缝断面并未影响大部分试验鱼上溯，分析其原因可能有以下两点：一是竖缝流速主要是通过测定鱼类突进游速来确定的，而突进游速测试过程是将鱼类放入封闭的水槽内，封闭的试验环境可能对试验鱼造成胁迫和应激，使测试的游泳速度比鱼类自然条件下的游泳速度低；二是实测的竖缝流速为水流从上游池室通过竖缝后刚落入下游池室水跃处的流速，从流体力学的角度分析，该处水流速度最大，而靠近竖缝侧壁和底部的水流受到边界条件的影响，水流速度会有所减小，在竖缝侧壁和底部形成了流速梯度，鱼类在上溯时可能利用该区域通过竖缝。

根据国内与沙坪二级水电站鱼道相似的鱼道工程过鱼效果监测，部分鱼道竖缝流速甚至超过了设计流速的 50%，但是从整体过鱼效果来看，这类高流速区并未对鱼类上溯形成流速屏障。建议后期鱼类游泳能力测试可以在开放的环境中进行，以减少环境对鱼类的胁迫效应。同时加强鱼道原型过鱼效果的观测，了解自然状态下鱼类通过鱼道的真实游泳能力，进一步确定竖缝流速设计的合理范围。

参考文献

[1] 陈凯麒，葛怀凤，郭军，等. 我国过鱼设施现状分析及鱼道适宜性管理的关键问题[J]. 水利发电，2018，44（7）：1-6.

[2] 陈国柱，王猛，王海胜，等. 枕头坝一级水电站鱼竖缝式鱼道过鱼效果初探[J]. 水生态学杂志，2013，34（4）：4-8.

[3] Castro-santos T，Haro A，Walk S. A passive integrated tran-sponder（PIT） tag system for monitoring fishways[J]. Fisheries Re-search，1996，28（3）：253-261.

[4] Weibel D，Peter A. Effectiveness of different types of block rampsfor fish upstream movem[J]. Aquatic Sciences-Research AcrossBoundaries，2013，75（2）：251-260.

[5] 徐维忠，李生武. 洋塘鱼道过鱼效果的观察[J]. 当代水产，1982（1）：21-27.

[6] 谭细畅，黄鹤，陶江平，等. 长洲水利枢纽鱼道过鱼种群结构[J]. 应用生态学报，2015，26（5）：1548-1552.

[7] 王珂，刘绍平，段辛斌，等. 崔家营航电枢纽工程鱼道过鱼效果[J]. 农业工程学报，2013，29（3）：184-189.

[8] 张艳艳，何贞俊，何用，等，低水头闸坝工程鱼道过鱼效果评价[J]. 水利学报，2017，48（6）：748-756.

[9] 刘志雄，周赤，黄明海. 鱼道应用现状和研究发展[J]. 长江科学院院报，2010，27（4）：28-35.

柬埔寨桑河二级水电站右岸仿自然鱼道过鱼效果初步研究

黄　滨　施家月　余富强　汤优敏　周　武

（中国电建集团华东勘测设计研究院有限公司，杭州 311122）

摘　要：鱼道被认为是有效缓解水坝阻隔鱼类洄游的重要方法之一，而鱼道效果监测是评价其功能的重要环节。为满足桑河二级水电站所在河段洄游鱼类上溯和下行的需求，利用工程区右岸天然支沟布置一条仿自然鱼道；本文采用诱捕统计、视频观测计数两种方法对桑河二级水电站右岸仿自然鱼道过鱼效果进行了监测。研究表明，鱼道内调查到鱼类 24 种，体长为 2.5～73 cm，并发现多个下行的幼鱼鱼群，桑河二级水电站仿自然鱼道可为多种类型、多种规格鱼类提供上溯和下行通道；鱼道内鱼类上溯呈现明显的昼夜差异，白天上溯鱼类多，夜间上溯鱼类少。与国内外其他鱼道的过鱼效果相比，桑河二级水电站仿自然鱼道能较好地发挥其功能。

关键词：仿自然鱼道；过鱼效果；诱捕统计；视频观测计数

水坝建设阻碍了鱼类迁移，对江河鱼类多样性造成了巨大影响[1-3]。过鱼通道被认为是有效减缓水坝阻隔对水生生物影响的方法之一[4]，而鱼道过鱼效果的监测评估对发挥其功能以及鱼道设计技术的改进与调整起到关键作用[5]。鱼道建成初期一般很难达到预期效果，鱼道的设计、建设与运行需要经历"认识—实践—再认识—再实践"的反复过程[6]，需要进行监测和评估并进行适当的技术调整[7,8]。

国外进行过有关鱼道效果评价的研究[9]，如韩国锦江上的鱼道[10]、美国哥伦比亚流域所有大坝的过鱼设施[11]、澳大利亚伯内特河拦河坝鱼道[12]、巴西埃嫩海罗·塞尔吉奥·莫塔鱼道[13]、日本长良川河口堰鱼道等。我国鱼道建设初期有关鱼道运行效果的研

作者简介：黄滨，高级工程师，主要研究方向为河流生态修复研究。E-mail：huang_b@ecidi.com。

究较少，仅见于安徽省裕溪闸鱼道[14]、江苏省太平闸鱼道[15]和湖南省洋塘鱼道[16]。近年来我国水利水电工程逐渐重视鱼道效果的监测与评价研究，开展了湖北省崔家营水利枢纽鱼道[17]、广西长洲水利枢纽鱼道[18,19]、广东连江西牛鱼道[20,21]、广州流溪河水厂坝鱼道[22]、四川枕头坝一级鱼道[23]和西藏 ZM 鱼道等的效果监测。

桑河二级水电站位于柬埔寨东北部的上丁省西山区境内的湄公河一级支流——桑河的干流上，为柬埔寨已建和在建最大的水电工程，2017 年 11 月其配套建设的右岸仿自然鱼道与主体工程同步投入使用。本文采用诱捕统计、视频观测计数等两种方法，对桑河二级水电站右岸仿自然鱼道过鱼效果进行了监测，研究结果对于桑河二级水电站鱼道的改进与有效运行、湄公河干流水电开发过鱼设施的建设及流域鱼类资源保护具有示范作用。

1 材料与方法

1.1 研究区域

桑河是湄公河左岸支流，由桑河（Se San）、塞公河（Se Kong）、斯雷波克河（Srepok）3 条大河汇集而成，也称"3S 流域"。桑河发源于越南境内，流域大部分在越南和柬埔寨两国，还有少部分流经老挝；桑河流域总面积为 7.9 万 km²，其中斯雷波克河流域面积为 30 620 km²，塞公河集水面积约为 28 200 km²。"3S 流域"分布有鱼类 329 种，是湄公河流域的长途迁徙物种的主要繁殖区，也是鱼类育肥场和避难所。桑河二级水电站坝址以下至入海口，目前仍保持着连通状态，暂无已建和在建闸坝工程。

1.2 鱼道概况

桑河二级水电站是桑河梯级水电规划的最后一级，坝址处多年平均流量为 1 310 m³/s，正常蓄水位高程为 75 m，死水位高程为 74 m，采用河床式开发；坝顶全长为 6.5 km，是亚洲第一长坝，最大坝高为 56.5 m。工程利用其右岸天然支沟布置一条仿自然鱼道，仿自然鱼道全长约为 3 293 m，其中鱼道渠身段长为 2 859 m，鱼道出口引渠段长为 434 m；鱼道进口位于电站枢纽建筑物下游（0+950 m）位置，出口位于枢纽建筑物右岸副坝坝右（3+130.00 m）位置。鱼道由进口段、渠身段、出口段、出口库区清理段组成。鱼道进口段长约为 180 m，纵坡为 2%，渠底宽为 4～5 m，内设蛮石坎，进口底板高程为 47.3 m；渠身段长约为 2 624 m，纵坡为 0.5%、1%、2%，渠底宽为 4～5 m，内设蛮石坎；鱼道渠身段设 3 个休息池，每个休息池长约为 50 m，宽度随自然地形，保证池底面积不低于 1 000 m²；鱼道出口段长为 55 m，矩形断面，纵坡为 1%，渠底宽为 5 m，内设蛮石坎，出口底板高程为 72.5 m，出口设置闸门；鱼道出口至库内段地形高于出口底板高程为 72.50 m，为库内开挖鱼道引渠，渠底高程为 72.50 m，底宽为 10 m。桑河二级水电站右岸仿自然鱼道布置见图 1。

桑河二级水电站仿自然鱼道设计过鱼目标分为 3 类：第 1 类，如淡水鲨鱼、头孔无须鲃属、密鳃鲴、*Osphronemus exodon*、*Cirrhinus molitorella*，具有洄游习性的濒危鱼类；第 2 类，如 *Hypsibarbus malcolmi*、*Henicorhynchus lobatus*、*Cyclocheilichthys enoplos*、*Pangasius larnaudii*，具有洄游习性的经济鱼类；第 3 类，为兼顾坝上坝下基因交流，作为兼顾过鱼对象，可以随机通过。鱼道采用全年运行的方式，每年主要过鱼季节为 4—8 月和 11—12 月。

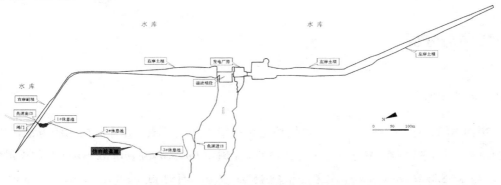

图 1　桑河二级水电站枢纽及仿自然鱼道布置示意图

1.3　监测方法

目前，鱼类监测的主流方法可分为计数方法和标记技术两大类。计数方法主要有诱捕统计、自动电阻计数器计数、视频观测计数、红外扫描计数和声学探测计数；标记技术包括视觉标记、生物标记和遥测技术[23]。本文采用诱捕统计、视频观测计数两种方法，对桑河二级水电站右岸仿自然鱼道过鱼效果进行了监测，监测方案布局见图 2。

为深入了解鱼道的运行及过鱼效果，2019 年 12 月采用堵截、排空、捕捞的方法对桑河二级仿自然鱼道的过鱼情况进行了现场监测。在 2#休息池上游侧、3#休息池上游侧和鱼道进口 3 处分别设置一道拦鱼栅后，关闭鱼道出口处闸门，然后排干鱼道，分段将鱼道中的鱼捞出进行统计，并对采集到的鱼类进行现场鉴定、测量、拍照。

为了实时、连续对鱼道的过鱼效果进行观测，在鱼道出口段安装了 1 台具有红外线扫描和高分辨率摄像功能的水下视频观测系统，2019 年 12 月 1—26 日对桑河二级仿自然鱼道的过鱼效果进行了监测。当鱼游过扫描单元时中断红外线波束，触发摄像机通道对通过鱼类进行摄像，通过存储设备自带的视频分析工具对视频数据进行智能筛选，记录上溯及下行鱼类的数量、尺寸等。后期根据视频数据对过鱼种类、数量、规格等观测结果进行矫正。

图 2 桑河二级水电站仿自然鱼道监测方案布局

2 结果与分析

2.1 种类组成

2019 年 12 月，在桑河二级水电站仿自然鱼道内采用堵截、排空、捕捞的方法，共采集到鱼类 24 种 314 尾，见表 1。捕捞到的渔获物中，*Puntioplite proctozysron* 的数量最多，占 18.79%，*Sikukia flavicanda* 次之，占 18.15%；体重大于 1 kg 的 8 尾、0.01～1 kg 的 109 尾、体重不足 0.01 kg 的 197 尾，体长为 2.5～73 cm，以小型鱼类为主。渔获物中有两种为鱼道设计的主要过鱼对象，其中 *Hypsibarbus malcolmi* 为 IUCN 红色名录中的近危物种、*Cirrhinus molitorella* 为经济鱼类。

表 1 桑河二级水电站仿自然鱼道鱼获物组成

序号	种类	数量/尾	占比/%	备注
1	*Hampala macrolepidota*	26	8.28	
2	*Puntioplite proctozysron*	59	18.79	
3	*Mastacembelus armatus*	21	6.69	
4	*Monotrete cambodgiensis*	7	2.23	
5	*Channa gachua*	1	0.32	
6	*Pristolepis fasciata*	34	10.83	
7	*Sikukia flavicanda*	57	18.15	
8	*Botia helodes*	9	2.87	
9	*Xenetodon canciloides*	1	0.32	
10	*Odontobutis aspro*	9	2.87	
11	*Channa striata*	18	5.73	
12	*Botia modesta*	6	1.91	

序号	种类	数量/尾	占比/%	备注
13	*Hemisilurus mekongensis*	2	0.64	
14	*Hypsibarbus malcolmi*	12	3.82	主要过鱼对象
15	*Notopterus notopterus*	16	5.10	
16	*Monopterus albus*	3	0.96	
17	*Osteochilus hasselti*	2	0.64	
18	*Mystus singaringan*	12	3.82	
19	*Clarias fuscus*	4	1.27	
20	*Cirrhinus molitorella*	7	2.23	主要过鱼对象
21	*Cirrhinus microlepis*	1	0.32	
22	*Channa micropeltes*	1	0.32	
23	*Hemibagrus*	4	1.27	
24	*Macrognathus siamensis*	2	0.64	

2.2 鱼道内鱼类分布

2019 年 12 月，桑河二级仿水电站自然鱼道内分段捕捞统计结果显示（表 2），中游段渔获物数量最多，其次为上游段，下游段最少；体型相对较大的鱼类呈现上游多、下游少的趋势；渔获物中小体型鱼类中游段最多，上游段次之，下游段最少。受排空捕捞方式的影响，鱼类主要分布在 3 个休息池中，仅少量体型相对较大的鱼类被滞留在渠身段。

表 2　桑河二级水电站仿自然鱼道内鱼获物鱼类分布情况

所在位置		鱼获物数量/尾			占比/%
		体重达到 0.01 kg	体重不足 0.01 kg	小计	
上游段	1#休息池	68	61	129	41
	渠身段	5	0	5	2
中游段	2#休息池	32	122	154	49
	渠身段	5	0	5	2
下游段	3#休息池	4	14	18	6
	渠身段	3	0	3	1

2.3 日内鱼类上溯规律

2019 年 12 月 1—26 日，桑河二级水电站仿自然鱼道内水下视频观测系统共观测到鱼类 66 尾，均为上行鱼类；观测到的过鱼对象最小长度约为 9 cm，最大长度约为 33 cm（图 3）。从可清晰辨别种类的自动捕获视频判断，过鱼对象主要为 *Sikukia gudgeri*、

Puntioplite proctozysron、*Sikukia flavicanda*。日内不同时段的观测统计结果显示，鱼类上溯主要在下午时段（13:00—19:00），占比约 43%；上午时段（7:00—13:00）次之，占比约 29%；凌晨时段（1:00—7:00）和夜晚时段（19:00—次日 1:00）较少，鱼类上溯活动主要在昼间（图 4）。

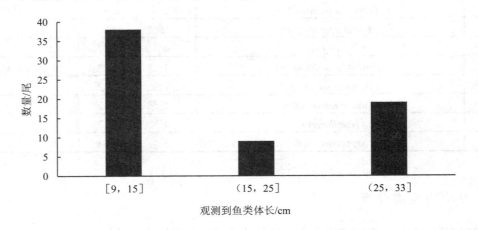

图 3　观测到鱼类的体长分布

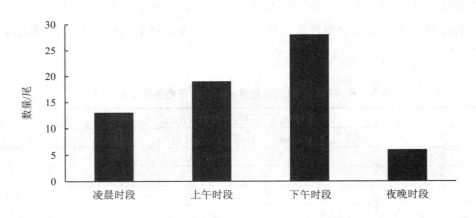

图 4　日内不同时段鱼类上溯情况

3　讨论

3.1　过鱼效果初步评估

桑河二级水电站仿自然鱼道以洄游性的濒危鱼类和经济鱼类为主要过鱼对象。2019

年 12 月 1 次排空捕捞调查到鱼类 24 种，包括设计主要过鱼对象两种，证明桑河二级水电站仿自然鱼道为该水域多种类型的鱼类提供洄游或连通通道。水下视频观测系统虽未记录到下行鱼类，但试验现场发现有多个下行的幼鱼鱼群，说明桑河二级水电站仿自然鱼道为鱼类上溯和下行提供了双向的连通通道。从鱼道内的过鱼规格来看，鱼道内的实际过鱼对象体长范围为 2.5～73 cm，说明桑河二级水电站仿自然鱼道无明显个体选择性，可适应多种规格鱼类的上溯和下行，鱼类上溯可以克服鱼道流速和流场等因素。

由于本文只开展了 1 次排空捕捞调查，并受仿自然鱼道池室不规则、拦鱼栅网口较大等因素影响，鱼类未能完全堵截在鱼道内，放空捕捞到的鱼类的种类和数量均低于实际；另外，为了避免水流和气泡等的影响，水下视频观测系统阈值和鱼类特征参数设置偏大，通过观测系统的体型较小的鱼类未能识别。桑河二级水电站仿自然鱼道的实际过鱼效果优于本次初步研究结果，其过鱼效果有待进一步观测和论证。

3.2 鱼道运行效果的时段差异

研究表明，桑河二级水电站仿自然鱼道内鱼类上溯呈现明显的昼夜差异，白天上溯鱼类多，而夜间上溯鱼类少。李捷等也发现鱼道内鱼类上溯呈现明显的昼夜差异，西牛鱼道的上溯高峰时段为 6:00—22:00，22:00—次日 6:00 数量较少[20]，与本研究结果基本一致。鱼类上溯的昼夜差异可能与鱼类的生活习性有关；对于底栖性鱼类而言，其眼径通常较小，较为喜欢弱光环境，偏向于昼伏夜出；而对于中上层鱼类而言，其眼径通常较大，具有一定的趋光性，表现为昼出夜伏。

鱼道过鱼受到的影响因素比较多[24]，不同季节和水文状况下，鱼道运行效果差异非常明显。旱季鱼道上游水位偏低，同时鱼道水温较低，导致进入鱼道的鱼类种类和数量都较少；相反，雨季上游水位较高，鱼道水温也较高，尤其是在阴雨天，鱼道上游涨水，通过鱼道的鱼类种类和数量明显增加，而且个体差异较大。本次调查周期较短，调查时段属旱季，水库水位基本维持死水位，鱼道上游水位和鱼道内水深偏低，过鱼效果及季节性差异分析有待持续观测和进一步论证。

3.3 与国内外其他鱼道过鱼效果比较

与国内外其他鱼道运行效果的比较见表 3，2019 年 12 月 1 次排空捕捞在桑河二级水电站仿自然鱼道内调查到鱼类 24 种 314 尾，单位时间内过鱼数量高于国内外列举的几个鱼道；这与"3S 流域"生境条件独特、鱼类资源丰富，以及桑河二级水电站采用仿自然的鱼道形式有关。

表 3　桑河二级水电站仿自然鱼道运行效果与其他鱼道比较

鱼道名称	鱼道类型	监测时间	过鱼种类	过鱼数量	参考文献
洋塘鱼道	垂直竖缝式	1981.4—1981.7	36	385	徐维忠等，1982[20]
裕溪闸鱼道	隔板竖缝式	1973.3—1937.5	15	75	安徽水产资源调查小组，1975[20]
Engenheiro Sergio Motta（巴西）	隔板竖缝式	2004.12—2005.3	37	/	Sergio et al.，2017[13]
Burnett River barrage（澳大利亚）	隔板竖缝式	1984—1987	34	187	Stuart et al.，2012[12]
西牛鱼道	垂直竖缝式	2012.3—2012.8	38	41	李捷等，2013[20]
水厂坝鱼道	丹尼尔式	2015.8—2016.7	39	1 043	张艳艳等，2017[22]
枕头坝一级	垂直竖缝式	2017.4—2017.7	20	407	陈国柱等，2018[23]
桑河二级仿自然鱼道	仿自然	2019.12	24	314	本鱼道

4　结语

（1）2019 年 12 月采用堵截、排空、捕捞的方法，对桑河二级仿自然鱼道的过鱼对象种类、过鱼数量、鱼道内鱼类分布等进行了初步研究；2019 年 12 月 1—26 日采用水下视频观测系统在鱼道出口进行了实时、连续观测，对仿自然鱼道的过鱼效果以及 24 h 鱼类上溯规律进行了初步研究。

（2）2019 年 12 月 1 次排空捕捞调查到鱼类 24 种，过鱼对象体长范围为 2.5～73 cm，试验现场发现有多个下行的幼鱼鱼群，桑河二级水电站仿自然鱼道可为多种类型、多种规格鱼类提供上溯和下行通道。桑河二级水电站仿自然鱼道内鱼类上溯呈现明显的昼夜差异，白天上溯鱼类多，而夜间上溯鱼类少。

（3）本文只开展了 1 次排空捕捞调查，并受现场条件和试验材料等影响，鱼类未能完全堵截在鱼道内；水下视频观测系统阈值和鱼类特征参数设置偏大，通过观测系统的体型较小的鱼类未能识别。桑河二级水电站仿自然鱼道的实际过鱼效果，优于本次初步观测结果，其过鱼效果有待进一步观测和论证。

（4）鱼道过鱼的影响因素比较多，不同季节和水文状况下，鱼道运行效果差异非常明显。本次调查周期较短，调查时段属旱季，水库水位基本维持死水位，鱼道上游水位和鱼道内水深偏低，过鱼效果及季节性差异分析有待持续观测和进一步论证。

参考文献

[1] Nehlsen W，Willams J E，Lichatowich J A.Pacific Salmon at the Crossroads：Stocks at Risk From California，Oregon，Idaho，and Washington[J]. Fisheries，1991，16（2）：4-21.

[2] Slaney T L，Hyatt K D，Northcote T G，et al. Status of anadromous salmon and trout in British Columbia and Yukon[J]. Fisheries，1996，21（10）：20-35.

[3] Sheer M B，Steel E A. Lost watersheds：barriers，aquatic habitat connectivity，and salmon persistence in the willamette and lower Columbia River Basins[J]. Transactions of the American Fisheries Society，2006，135（6）：1654-1669.

[4] Clay C H. Design of fishways and other fish facilities[M].2nd edition.Boca Raton，USA：Lewis Publishers，1995：15-16.

[5] Roscoe D W，Hinch S G. Effectiveness monitoring of fish passage facilities：historical trends，geographica patterns and future directions[J]. Fish and Fisheries，2010，11（1）：12-33.

[6] 陈凯麒，葛怀凤，郭军，等. 我国过鱼设施现状分析及鱼道适应性管理的关键问题[J]. 水生态学杂志，2013，34（4）：1-6.

[7] Cowx I. Innovations in fish passage technology[J]. Fisheries Management and Ecology，2000，7（5）：471-472.

[8] 吴晓春，史建全. 基于生态修复的青海湖沙柳河鱼道建设与维护[J]. 农业工程学报，2014，30（22）：130-136.

[9] 陈凯麒，常仲农，曹晓红，等. 我国鱼道的建设现状与展望[J]. 水利学报，2012，43（2）：182-188.

[10] Yoon J D. Kim J H，Yoon J. Efficiency of modified Ice Harbor-type fishway for Korean freshwater fishes passing a weir in South Korean[J]. Aquatic Ecology，2015，49：417-429.

[11] Lane N，Adam V A. The Columbia River basin's fish passage center[R]. Report for Congress of U S. 2007，Order Code RS 22414.

[12] Stuart I G，Berghuis A P. Upstream passage of fish through a vertical-slot fishway in an Australian subtropi-cal river[J]. Fisheries Management and Ecology，2002（9）：111-122.

[13] Sergio M，Maristela C M，Ricardo L W，et at. Utilization of the fish ladder at the Engenheiro Sergio Motta Dam，Brazil，by long distance migrating potamodromous species[J]. Neotropical Ichthyology，2007，5（2）：197-204.

[14] 安徽省巢湖地区巢湖水产资源调查小组.裕溪闸鱼道过鱼效果及其渔业效益的探讨[J]. 淡水渔业，1975（7）：19-23.

[15] 南京水利科学研究所鱼道研究小组.江苏省太平闸鱼道初步小结[J]. 水利水运科技情报，1973（6）：

1-15.

[16] 徐维忠，李生武. 洋塘鱼道过鱼效果的观察[J]. 湖南水产科技，1982，7（1）：21-27.

[17] 王珂，刘绍平，段辛斌，等. 崔家营航电枢纽工程鱼道过鱼效果[J]. 农业工程学报，2013，29（3）：184-189.

[18] 谭细畅，陶江平，黄道明，等. 长洲水利枢纽鱼道功能的初步研究[J]. 水生态学杂志，2013，34（4）：58-62.

[19] 谭细畅，黄鹤，陶江平，等. 长洲水利枢纽鱼道过鱼种群结构[J]. 应用生态学报，2015，26（5）：1548-1552.

[20] 李捷，李新辉，潘峰，等. 连江西牛鱼道运行效果的初步研究[J]. 水生态学杂志，2013，34（4）：53-57.

[21] 李捷，李新辉，朱书礼，等. 连江西牛鱼道过鱼效果及其影响因子研究[J]. 生态与农村环境学报，2019，35（12）：1593-1600.

[22] 张艳艳，何贞俊，何用，等. 低水头闸坝工程鱼道过鱼效果评价[J]. 水利学报，2017，48（6）：748-756.

[23] 陈国柱，王猛，王海胜，等. 枕头坝一级水电站竖缝式鱼道过鱼效果初探[J]. 水力发电，2018，44（7）：4-8.

[24] 杨宇，高勇，韩昌海，等. 鱼类水力学试验研究进展[J]. 水生态杂志，2013，34（4）：70-74.

雅砻江锦屏、官地江段鱼类增殖放流效果初步研究

李精华[1]　李天才[1]　杨　坤[2]　刘小帅[1]　宋昭彬[2]

（1. 雅砻江流域水电开发有限公司，成都 610051;

2. 四川大学生命科学学院，四川省濒危野生动物保护生物学重点实验室，成都 610065）

摘　要：为评估雅砻江锦屏、官地水电站江段鱼类增殖放流效果，本研究采用热标记、荧光标记、VIE 标记和 T 形标记对短须裂腹鱼、长丝裂腹鱼、细鳞裂腹鱼、四川裂腹鱼和鲈鲤鱼苗进行了累计达 277.0 万尾的大规模标记，并通过回捕放流鱼类来评估增殖放流效果。经鉴定表明，捕获到的 56 尾 2014 年龄组和 852 尾 2015 年龄组裂腹鱼类中放流鱼类占比分别为 27.1%和 61.5%。2014 年龄组放流鱼苗在放流 7 个月后全长和湿重均显著高于捕获群体平均值，2015 年龄组放流鱼苗与整体无显著差别。2015 年龄组鱼苗放流 3 个月后在放流地点下游 50 km 处可捕捞到，而在放流后 3 个月、6 个月和 9 个月后在放流地点 10～15 km 处捕捞到的占比分别为 95.7%、81.0%和 85.0%；在放流地点附近 20 km 处捕捞到 2018 年龄组、2019 年龄组裂腹鱼苗占比分别为 59.2%和 68.6%。放流后鱼苗生长良好且在野外鱼群中占比较高，增殖放流对雅砻江鱼类资源补充作用明显；但放流鱼苗活动范围较窄，今后应增设放流地点。

关键词：雅砻江；增殖放流；标记-回捕；效果评价

　　鱼类增殖放流是运用水产养殖技术增殖、保护或恢复天然渔业资源的一系列管理方法[1]。国际上，欧美发达国家开展鱼类增殖放流较早，在苗种培育技术、放流鱼类跟踪监测技术、增殖放流效果评估等方面都进行了深入研究，建成了相对完善的增殖放流体系[2,3]。通过研究放流后鱼类的生长、存活、迁移和分布，以及对捕捞群体和繁殖群体的贡献等，评估增殖放流效果，可帮助改进增殖放流策略，提高增殖放流生态效益[4]。

　　锦屏·官地鱼类增殖放流站位于锦屏一级水电站大沱业主营地范围（28°18′39.09″N，101°38′50.10″E）内，于 2011 年建成投运，是雅砻江上投运最早、放流规模最大的增殖

作者简介：李精华（1965—），男，汉族，湖南长沙人，正高级工程师，主要从事水利水电工程建设与环水保管理工作。E-mail：1719325012@qq.com。

放流站，主要承担锦屏一级、二级和官地水电站影响江段的鱼类增殖放流任务和野生鱼类资源救护[5]。截至 2019 年年底，该站已累计增殖放流鱼苗 970 万尾。受雅砻江流域水电开发有限公司（以下简称雅砻江公司）委托，四川大学于 2014—2016 年和 2018—2019 年通过采用"标记—回捕"的方法[6,7]对雅砻江锦屏至官地江段的增殖放流鱼类进行调查研究，旨在掌握增殖放流效果，为放流方案优化提供科学依据，也为其他水域增殖放流提供了参考。

1 材料与方法

1.1 标记方法

热标记（Heat marker，H）：仔鱼出膜后 15 d，将其培育于使用玻璃电热恒温加热棒加热至温度 19～21℃的水体中，高温期正常投饲。高温期：低温期为 36 h：12 h 交替重复。在进入低温期时，先将高温水排出约 3/4，然后缓慢加入低温的山溪水，使水温在 1 h内逐步降低至 13～15℃，最后加冰块维持水温，低温期不投饲。热标记时间为 2～3 周。

荧光标记（Fluorescent marker，F）：放流前 1 周进行荧光染料标记。荧光染料为茜素红（ARS），ARS 浓度为 20～25 mg/L。浸泡标记时间为 24 h，标记期间不投饲、不换水。

VIE 标记（visible implant fluorescence，即可见植入荧光弹性胶体标志，简称 VIE marker，V）：放流前 1 周进行荧光胶体标记。用 MS-222 溶液轻微麻醉后，将荧光胶体注射于鱼体头部顶骨表皮下，胶体长度约 0.5 cm。

T 形标记（T maker，T）：放流前 1 周进行 T 形标记。用 MS-222 溶液轻微麻醉后，将 T 形标志安装在专用的注射器上，由后向前将注射器针头斜刺入鱼体背部肌肉。

1.2 放流与回捕

锦屏·官地鱼类增殖放流站通常于每年 2—4 月人工繁殖，裂腹鱼苗培育 4 个月左右放流，鲈鲤培育至 1 月龄后放流。主要放流点为锦屏一级水电站库区（坝上约 2 km）、锦屏大河湾（大沱业主营地附近）、官地水电站库尾（盐源县梅子坪附近）。放流时间一般为每年 6—7 月。

从 2014 年起，定点在放流区域回捕，重点区域为锦屏大河湾减水河段至官地库尾间约 120 km 的江段（图 1）。捕捞方式采用大规格地笼或委托渔民采用流刺网捕捞，测量捕捞鱼的体重、全长、体长等指标，并将捕捞鱼保存带回实验室鉴定。

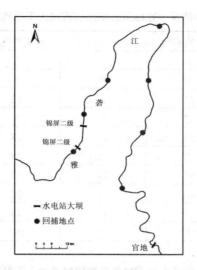

图 1　雅砻江下游鱼类回捕地点示意图

1.3　耳石鉴定

在双筒解剖镜下，用解剖针从捕捞鱼苗的听囊中取出矢耳石、微耳石和星耳石，经无水酒精清洗、晾干，再用中性树胶封于载玻片上，于无尘干燥处晾干后贴上标签保存。在 Olympus BX40 荧光显微镜下，使用 10×物镜，分别用激发光检测标记的耳石[8,9]。根据初步检测结果，选择检测效果最为明显的激发光，用于检测评价所有的耳石荧光标记。荧光检测的耳石采用由计算机、Q-Imaging MicroPublisher 5.0 RTV 数码照相机和 Olympus BX40 荧光显微镜组成的照相系统进行拍照。热标记在可见光下观察耳石轮纹清晰度、数目等[10]，使用 Q-Imaging Retiga 4000R 照相和 Olympus BX53 显微镜组成的照相系统拍照后，采用计算机辅助图像分析系统测量轮纹间距。

2　结果

2.1　放流与标记数量

2011—2019 年，锦屏·官地鱼类增殖放流站累计放流全长 4 cm 以上幼鱼 970 万尾（表 1）。2014 年标记裂腹鱼苗 21.2 万尾，裂腹鱼苗标记率为 46.1%；2015 年标记裂腹鱼苗 60.0 万尾，裂腹鱼苗标记率为 48.8%；2018 年标记裂腹鱼苗和鲈鲤鱼苗数量分别为 75.3 万尾和 0.12 万尾，标记率分别为 36.6% 和 6.0%；2019 年标记裂腹鱼苗 120.5 万尾，裂腹鱼苗标记率达 68.7%（表 2）。综合历年数据，累计标记裂腹鱼苗 277.0 万尾，占总增殖放流量的 28.6%。

表 1　2011—2019 年锦屏·官地鱼类增殖放流站人工增殖放流鱼类及数量　　　　单位：万尾

年份	短须裂腹鱼	细鳞裂腹鱼	长丝裂腹鱼	四川裂腹鱼	鲈鲤	合计
2011	2	3	2	3	0	10
2012	1	1	5	5	3	15
2013	20	27	5	15	8	75
2014	28	12	3	3	0	46
2015	31	22	39	28	3	123
2016	62	22	39	25	17	164
2017	43	37	38	15	21	155
2018	74	42	33	54	2	206
2019	72	31	30	43	1	176
合计	333	197	193	191	55	970

表 2　2014—2019 年锦屏·官地鱼类增殖放流站人工增殖放流鱼类标记数量

品种	标记类型	2014 年 数量*/万尾	2014 年 标记率**/%	2015 年 数量/万尾	2015 年 标记率/%	2018 年 数量/万尾	2018 年 标记率/%	2019 年 数量/万尾	2019 年 标记率/%
短须裂腹鱼	H	21.2	75.7						
短须裂腹鱼	F			20.0	64.5	35.0	47.3	60.0	83.3
短须裂腹鱼	V								
短须裂腹鱼	T					0.2	0.3	0.4	0.5
长丝裂腹鱼	H								
长丝裂腹鱼	F			10.0	25.6	10.0	30.3	20.0	66.7
长丝裂腹鱼	V								
长丝裂腹鱼	T					0.03	0.1	0.03	0.1
细鳞裂腹鱼	H								
细鳞裂腹鱼	F			10.0	45.5	20.0	47.6	20.0	64.5
细鳞裂腹鱼	V								
细鳞裂腹鱼	T					0.03	0.1	0.03	0.1
四川裂腹鱼	H								
四川裂腹鱼	F			10.0	35.7	10.0	18.5	20.0	46.5
四川裂腹鱼	V								
四川裂腹鱼	T					0.04	0.1	0.04	0.1
鲈鲤	H								
鲈鲤	F								
鲈鲤	V					0.1	5.0		
鲈鲤	T					0.02	1.0		
合计		21.2	46.1	60.0	48.8	75.4	36.6	120.5	68.7

注：* 为 2014 年 5 种鱼类标记放流总量；

　　** 为 2014 年标记放流量占该年放流量的比例。其他年份同。

2.2 回捕与标记数量

回捕到 2014 年龄组短须裂腹鱼 56 尾,检测到 7 尾存在热标记,标记个体占比 12.5%;根据裂腹鱼类标记率 46.1%,可推算出放流区域 2014 年龄组裂腹鱼的增殖放流个体占比为 27.1%。回捕到 2015 年龄组短须裂腹鱼 852 尾,检测结果显示 262 尾存在荧光标记,标记个体占比 30.8%;根据裂腹鱼类标记率 50.0%,可推算出放流区域 2015 年龄组裂腹鱼的增殖放流个体占比为 61.5%(表 3)。

表 3　回捕与标记检测

	回捕量/尾	标记类型	标记量/尾	检测标记占比/%	放流占比/%
2014 年龄组	56	H	7	12.5	27.1
2015 年龄组	852	F	262	30.8	61.5

2.3 放流鱼类的生长情况

2.3.1 2014 年龄组鱼苗生长比较

2014 年龄组鱼苗在放流 7 个月后,放流鱼苗全长和湿重均低于人工养殖鱼苗,但差异均不显著($P>0.05$),而均显著大于其他鱼苗($P<0.05$);3 类鱼苗丰满度变幅均较小,且相互之间无显著差异($P>0.05$)(表 4)。

表 4　2014 年龄组裂腹鱼苗放流后 7 个月时生长情况

类别	数量/尾	全长/mm	湿重/g	丰满度/%
人工养殖	20	92.54±14.99[a]	6.900 9±3.741 9[a]	1.501±0.134[a]
放流鱼苗	7	80.08±14.13[ab]	4.021 5±2.357 6[ab]	1.433±0.066[a]
其他鱼苗	49	71.58±15.77[b]	3.236 0±2.211 2[b]	1.525±0.148[a]

注:其他鱼苗为放流鱼苗和自然繁殖鱼苗混合群体;下同。

2.3.2 2015 年龄组鱼苗生长比较

2015 年龄组的放流鱼苗,在放流 3 个月后,其全长、湿重和丰满度均显著低于人工养殖鱼苗($P<0.001$);放流鱼苗的丰满度比最初放流时显著降低(独立样本 t 检验,$P<0.001$)。在放流 6 个月后,放流鱼苗的全长、湿重仍显著低于人工养殖个体($P<0.05$),但丰满度差异不显著($P>0.05$),与最初放流时相比差异也不显著($P\geq0.05$)。在放流 9 个月后，放流鱼苗的丰满度略有降低。放流鱼苗的全长、湿重和丰满度，与其他鱼苗相比一直差异不显著。放流裂腹鱼在放流 3 个月、6 个月、9 个月后，基于全长的瞬时生长率 G_l 分别为 0.056 6、0.068 3、0.087 8，基于湿重的瞬时生长率 G_w 分别为 0.106 5、0.283 2、0.281 5，总体呈现缓慢上升的趋势（表 5）。

表 5　2015 年龄组裂腹鱼苗放流后的生长情况

	鱼苗来源	放流时	放流 3 个月后	放流 6 个月后	放流 9 个月后
全长/mm	放流鱼苗	44.94±6.67	53.26±7.23	65.37±13.98	85.06±16.42
	人工养殖		63.79±11.26	88.20±7.77	
	其他鱼苗		55.03±7.38	66.59±12.70	82.59±14.84
湿重/g	放流鱼苗	0.822 5±0333 2	1.132 0±0.526 3	2.647 1±1.758 3	6.159 8±3.738 4
	人工养殖		2.988 6±1.832 7	6.459 3±1.586 0	
	其他鱼苗		1.232 5±0.593 9	2.812 8±1.847 2	5.437 3±3.559 7
丰满度/%	放流鱼苗	1.762±0.373	1.443±0.169	1.709±0.214	1.644±0.134
	人工养殖		1.995±0.431	1.770±0.261	
	其他鱼苗		1.431±0.182	1.748±0.194	1.613±0.171

2.4　放流鱼类的分布动态

在放流到雅砻江之后，人工繁殖的鱼苗从放流点逐步向其他水域迁移。2015 年龄组放流 3 个月后，在远离放流地点下游 50 km 的河段，已捕捞到放流鱼苗，表明放流鱼苗在河流中扩散很快。比较之下发现，在放流 3 个月、6 个月、9 个月后的时间里，在放流地点附近 10～15 km 河段捕捞到的放流鱼类占总数的百分比分别为 95.7%、81.0%和 85.0%。在后续的 2018 年龄组、2019 年龄组回捕过程中也发现，在放流地点附近 20 km 以内河段捕捞到的裂腹鱼苗占比分别为 59.2%和 68.6%。这表明，在雅砻江锦屏二级减水河段放流的裂腹鱼苗在放流后一段时间内主要分布在放流点附近水域 20 km 的河段内（表 6）。

表 6　雅砻江锦屏二级减水河段回捕的 2018 年龄组、2019 年龄组裂腹鱼数量

与放流地点的距离/km	2018 年龄组		2019 年龄组	
	数量/尾	占比/%	数量/尾	占比/%
20	324	59.2	739	68.6
50	30	5.5	68	6.3
70	47	8.6	153	14.2
90	146	26.7	118	10.9
总计	547	100.0	1078	100.0

3 讨论

3.1 放流标记策略选择

随着科技的飞速发展和应用，经过百余年的实践和探索，评估增殖放流效果的方法已多种多样，主要包括物理标记类、化学标记类、基因检测类、资源量比较类等[11,12]。物理标记常采用 T 形标外挂、被动式集成无线电应答器（passive integrated transponder，PIT）标志注射和剪除组织，物理标记需对每一尾放流鱼进行操作，标记过程有一定伤害，故标记后需进行消毒和过渡培育[13]；物理标记工作量与放流量相关，适用于小规模放流标记；T 形标易脱落但便于识别，PIT 标记可长期保存且较易识别但成本较高，两者常用于大规格小规模种鱼或成鱼标记[14]。化学标记通常包括热标记、荧光标记和荧光胶体标记。热标记和荧光标记通过养殖环境达到使耳石、骨骼呈现特殊的纹路或色彩的效果[9,10]，以此达到标记效果，两标记方法较简单且费用低廉，适用于大规模标记，但识别需较强的技术支撑；荧光胶体标记指采用特殊的胶体注射到放流鱼表皮下，这与物理标记类似，但兼顾了 T 形标记的易于识别和 PIT 标记的长期保存，存在工作量大的弊端。基因检测是指通过检测捕捞鱼的基因序列，分析差异，筛出放流鱼样本从而达到评估目的[15,16]，这需要很强的技术支撑和较高的费用预算。资源量评估法是通过捕捞、声呐探测等手段分析放流区域鱼类资源量情况来直接评估放流效果的[17,18]，存在较大的技术误差。雅砻江公司多年来平均放流量均以百万计数，标记数量也在 20 万～120 万尾，数量巨大；放流鱼苗均为 4～6 cm，规格较小，故选用热标记和荧光标记为主、T 形标记和荧光胶体标记为辅的方式较为妥当，有利于放流效果评估的开展。

3.2 放流效果与方案优化

本调查结果表明，放流鱼苗已经在雅砻江中已很好地生存下来，占比较高且随放流数量的增加而上升。因此，雅砻江公司当前增殖放流策略较为适宜，对雅砻江鱼类种群起到明显的补充作用。但放流效果并不是一成不变的，其是多种因素相互平衡的结果，合适的鱼类增殖放流策略有助于将风险最小化且将成功率和经济效益最大化，这需要根据后续的监测结果及时调整[3,19]。增殖放流的成功与放流规格、放流时间、放流地点环境等因素密不可分[2,20]。一般来说，放流鱼苗的规格越大，存活率越高。但规格大意味着较长的养殖周期，这不仅会增加成本，还可能会使鱼苗降低对自然环境的适应能力[3,21]。雅砻江公司增殖放流的鱼苗规格在 4～6 cm，这既度过了稚鱼赢弱期又保存了鱼苗的适应能力。放流地点一般选择在天然索饵场、产卵场附近，或者其他适宜育幼的水域，以提高放流成功率[22,23]。据调查，雅砻江锦屏大河湾减水河段始终保持大中型河流流量和流速，生境保持良好，放流时间 6—7 月水温较高、饵料丰富，有利于放流鱼苗适应野外环境[24,25]。

本调查结果表明，放流鱼类在放流点附近的捕捞量较大，而远离放流点的河段捕捞量较少。这说明两点问题：一是放流鱼类分布相对集中，尽管在放流 3 个月后已经在距离放流点 50 km 的下游回捕到标记个体，但放流群体仍主要分布在放流地点附近 20 km 的河段中；二是说明当前放流规模还在河流环境承载量之内。Kitada 等[23]在分析日本真鲷（*Pagrus major*）和牙鲆（*Paralichthys olivaceus*）增殖放流回捕数据时也发现，放流对渔业产量增加的贡献在放流地点明显，且受到水体承载能力的限制。因此，应当增加放流地点。下一步，雅砻江公司拟在雅砻江锦屏大河湾减水河段的张家坝、棉沙乡、里庄乡等位置增设放流点位。采用不同颜色荧光、荧光胶体标记和不同形状 T 形标记，并在固定的点位放流特定标记鱼苗可进一步研究分析放流鱼苗活动范围、迁徙路径等内容[26,27]，可据此对放流点位进行再一次优化。放流鱼类占比较高可能是由于回捕点位常设置在放流点位附近造成的，故而今后回捕点位设置应更多元化以确保回捕的代表性；但也可能是放流鱼类占比确实较高，因此其是否会对自然繁殖鱼类造成压迫则是另一个值得深入研究、探讨的课题，由此可对放流量进行科学的优化和调整。

3.3 效果提升配套措施

放流鱼类的成活与放流规格、时间、地点等因素密切相关，而放流水域生境状况更是至关重要。若放流水域生境破碎、栖息地毁坏，自然群体存活已举步维艰，那增殖放流不仅不会取得促进效果，反而会加速鱼类资源的衰退。故而采取相关配套措施维护放流水域生境，保护鱼类栖息地，是鱼类增殖放流达到补充鱼类种群资源量、促进种群自然增长目的的必要手段[28]。调查表明[29,30]，环境破坏、水域污染、偷捕盗捕、酷渔滥捕等是鱼类保护的重大阻碍，需加强环保的相关宣传，提高人民环保意识，严惩违法违纪。锦屏·官地河段作为雅砻江下游的重要鱼类栖息地，2008 年经四川省人民政府批准建立为雅砻江鲈鲤长丝裂腹鱼省级水产种质资源保护区，从法律上保障了该区域的水域环境和鱼类资源。锦屏二级电站下泄生态流量达 45～800 m³/s，再加上下游两岸支流水量汇入，使长约 119 km 锦屏大河湾减水河段仍保持大中型河流的急流状态，为有效保护水生生态提供了宝贵的生境条件[31]。研究表明[32]，锦屏一级大坝采用叠梁门分层取水，下泄水温更趋近于建库前天然河道的水温变化过程，比单层进水口方案提高 0.1～1.6℃，有效减缓了水库下泄低温水对鱼类的影响。相关调查数据表明，雅砻江锦屏大河湾减水河段鱼类基本能与历史同期一样开展自然繁殖活动。雅砻江公司站在"一条江"的高度，统筹做好流域水电开发规划和生态保护规划，以鱼类增殖放流为主，多措并举开展修建水电站造成扰动鱼类栖息地进行补偿，保护土著鱼类物种的存续及其生物多样性[22]，符合国际

"负责任的方式增殖放流"标准[19,33]。

参考文献

[1] Lorenzen Kai. Understanding and managing enhancement fisheries systems[J]. Reviews in Fisheries Science，2008，16（1-3）：10-23.

[2] Blaxter J-H-S. The enhancement of marine fish stocks[J]. Advances in Marine Biology，2000，38（2）：1-54.

[3] United-Nations. The first global integrated marine assessment：world ocean assessment i[M]. Cambridge：Cambridge University Press，2017.

[4] Taylor Matthew-D，Chick Rowan-C，Lorenzen Kai，et al. Fisheries enhancement and restoration in a changing world[J]. Fisheries Research，2017，186：407-412.

[5] 邓龙君，王红梅，甘维熊. 锦屏·官地水电站鱼类增殖放流站前期运行管理[J]. 水利水电技术，2016，47（5）：109-111.

[6] 吴世勇，曾如奎，王红梅. 标记技术在雅砻江鱼类增殖放流中的应用[J]. 人民长江，2020，51（S1）：56-60.

[7] 杨坤. 短须裂腹鱼、鲈鲤和长薄鳅早期鱼苗耳石标记及雅砻江锦屏段短须裂腹鱼增殖放流效果研究[D]. 成都：四川大学，2017：181.

[8] 王正鲲，赵天，林小涛，等. 茜素络合物对唐鱼耳石标记效果以及生长和存活率的影响[J]. 生态学杂志，2016，34（1）：189-194.

[9] Lü Hongjian，Fu Mei，Zhang Zhixin，et al. Marking fish with fluorochrome dyes[J]. Reviews in fisheries science & aquaculture，2019，28（1）：1-19.

[10] 宋昭彬，常剑波，曹文宣. 草鱼仔鱼耳石的自然标记和生长轮的清晰度[J]. 动物学报，2003，49（4）：508-513.

[11] 张雪，郭艳娜，张虎成. 水电站鱼类人工增殖放流标记方法研究概述[J]. 环境科学与管理，2013，38（12）：127-130.

[12] 周永东，徐汉祥，戴小杰，等. 几种标志方法在渔业资源增殖放流中的应用效果[J]. 渔业研究，2008（1）：6-12.

[13] 胥贤，黄晋，舒旗林，等. 大渡河安谷水电站流域4种增殖放流鱼苗标记方法的初步研究[J]. 淡水渔业，2019，49（2）：59-65.

[14] 姜亚洲，林楠，刘尊雷，等. 象山港黄姑鱼增殖放流效果评估及增殖群体利用方式优化[J]. 中国水产科学，2016，23（3）：641-647.

[15] 冯晓婷，杨习文，杨雪军，等. 基于微卫星标记对长江江苏段鳙增殖放流效果评估[J]. 中国水产科

学，2019，26（6）：1185-1193.

[16] 刘胜男，孙典荣，刘岩，等. 使用微卫星标记评估北部湾长毛对虾增殖放流效果[J]. 中国海洋大学学报（自然科学版），2019，49（S2）：37-45.

[17] 郭爱环，刘金殿，原居林，等. 用水声学评估水库鱼类资源增殖放流的效果[J]. 水产科学，2018，37（2）：201-207.

[18] 朱成德，钟瑄世. 太湖人工放流效果的初步探讨[J]. 淡水渔业，1978（2）：2-9.

[19] Leber K M Kitada S Blankenship H L. Stock enhancement and sea ranching：developments，pitfalls and opportunities 2nd editon[M]. Oxford，United Kingdom：Blackwell Publishing Ltd，2004.

[20] I-G Cowx. Stocking strategies[J]. Fisheries Management and Ecology，1994，1（1）：15-30.

[21] Johnsson J I，Brockmark S，N Slund J. Environmental effects on behavioural development consequences for fitness of captive-reared fishes in the wild[J]. Journal of Fish Biology，2015，85（6）：1946-1971.

[22] Aprahamian M W，Smith K Martin，Mcginnity P，et al. Restocking of salmonids——opportunities and limitations[J]. Fisheries Research，2003，62（2）：211-227.

[23] Kitada Shuichi，Kishino Hirohisa. Lessons learned from Japanese marine finfish stock enhancement programmes[J]. Fisheries Research，2006，80（1）：101-112.

[24] 陈云华. 雅砻江锦屏大河湾水生生态环境保护研究[J]. 水力发电，2012，38（10）：5-7.

[25] 许勇. "一条江"水电开发模式下的鱼类保护实践[J]. 人民长江，2018，49（20）：28-32.

[26] 王志超，陈国宝，曾雷，等. 防城港人工礁区内 5 种恋礁鱼类的声学标志跟踪[J]. 中国水产科学，2019，26（1）：53-62.

[27] 吕红健. 许氏平鲉和褐牙鲆标志技术与标志放流追踪评价[D]. 青岛：中国海洋大学，2013.

[28] 刘绍平，陈大庆，段辛斌，等. 长江中上游四大家鱼资源监测与渔业管理[J]. 长江流域资源与环境，2004，13（2）：183-186.

[29] 代应贵，李敏. 梵净山及邻近地区鱼类资源的现状[J]. 生物多样性，2006，14（1）：55-64.

[30] 高玉玲，连煜，朱铁群. 关于黄河鱼类资源保护的思考[J]. 人民黄河，2004，26（10）：12-14.

[31] 王玉蓉，李嘉，李克锋，等. 雅砻江锦屏二级水电站减水河段生态需水量研究[J]. 长江流域资源与环境，2007，16（1）：81-85.

[32] 柳海涛，孙双科，王晓松，等. 大型深水库分层取水水温模型试验研究[J]. 水力发电学报，2012，31（1）：129-134.

[33] Kai Lorenzen，Kenneth M Leber，H Lee Blankenship. Responsible approach to marine stock enhancement：an update[J]. Reviews in Fisheries ence，2010，18（2）：189-210.

乌江鱼类人工增殖放流效果初步研究

郭艳娜　唐忠波　赵再兴　陈国柱　夏　豪　张虎成

（中国电建集团贵阳勘测设计研究院有限公司，贵阳 550081）

摘　要：2013—2015 年对索风营、思林（沙沱）鱼类增殖放流站放流的中华倒刺鲃（*Barbodes sinensis*）和白甲鱼（*Varicorhinus simus*）进行了荧光标记—放流—回捕两个周期的调查，标记放流中华倒刺鲃 2.30 万尾、白甲鱼 5.36 万尾，回捕率分别是 0.013%～0.049%、0.009%～0.030%，回捕率不高可能与捕捞网具和鱼类生活习性有关。索风营库区回捕调查捕获鱼类 11 种，隶属于 4 目 5 科；思林库区回捕调查捕获鱼类 12 种，隶属于 1 目 3 科。回捕渔获物种类和数量较少，可能与调查季节、网具、乌江干支流水利水电工程建设导致的渔业资源衰退有关，这些因素也会影响增殖放流效果。鱼类增殖放流是一项长期而复杂的系统工程，其效果难以在短期内显现出来，对增殖放流效果的准确评估还需要长期监测和深入研究。为取得更好的增殖放流效果，建议调整放流方法、放流地点、加强渔政管理和宣传教育。

关键词：乌江；鱼类增殖放流；放流效果

乌江是长江上游右岸最大的一级支流，也是贵州省境内最大的河流，干流贵州段已完成了九级开发，依次为普定水电站、引子渡水电站、洪家渡水电站、东风水电站、索风营水电站、乌江渡水电站、构皮滩水电站、思林水电站、沙沱水电站。为了减缓梯级电站建设对工程河段水生生态的影响，建设单位在索风营、思林（沙沱）水电站建设了鱼类增殖放流站，开展鱼类人工增殖放流活动。索风营水电站鱼类增殖放流站于 2008 年 12 月建成投运，放流对象为岩原鲤、白甲鱼、中华倒刺鲃、长薄鳅，年放流规模 9 万尾。思林（沙沱）水电站鱼类增殖放流站于 2009 年 12 月建成投运，放流对象为胭脂鱼、岩原鲤、青鱼、中华倒刺鲃、白甲鱼、泉水鱼、长薄鳅、华鲮，年放流规模 57 万尾。为评估鱼类增殖放流效果，优化完善鱼类增殖放流方案，2013—2015 年，采用荧光标记—放

作者简介：郭艳娜（1980—），女，高级工程师，主要从事环境影响评价及环保设计工作。E-mail：ynguoh@163.com。

流—回捕调查的方法对索风营、思林（沙沱）水电站的白甲鱼、中华倒刺鲃增殖放流效果进行了两个周期的调查。

1 材料与方法

1.1 放流水域基本情况

1.1.1 水域特征

索风营水电站于 2002 年 12 月截流，2005 年 6 月下闸蓄水，8 月首台机组发电，水库最大坝高为 115.95 m，坝顶长度为 164.58 m，总库容为 2.012 亿 m^3，正常蓄水位为 837 m 下，水库面积为 5.7 km^2，回水长度为 35.5 km，平均水深为 35 m。

思林水电站于 2009 年 3 月下闸蓄水，5 月首台机组并网发电，水库最大坝高为 117 m，坝顶长度为 310 m，总库容为 15.93 亿 m^3，正常蓄水位为 440 m 下，水库面积为 38.35 km^2，干流回水长度为 89 km，支流回水长度为 23.4 km，平均水深为 60 m。

1.1.2 水生生物

根据《贵州乌江索风营水电站工程竣工环境保护验收调查报告》，2007 年 8 月开展水生生物调查，布设了 3 个调查断面，分别为鸭池河水文站（坝址上游库尾）、索风营水电站坝址以及入库库尾。根据调查结果，浮游藻类植物 8 门 66 种（属），其中硅藻门 15 属，蓝藻门 15 属，绿藻门 30 属，裸藻门和金藻门各 2 属，甲藻门和红藻门 1 属。浮游动物 41 种（属），其中原生动物 16 属（种），轮虫 8 属（种），枝角类 10 属（种），桡足类 7 属（种）。原生动物优势种为砂壳虫、栉毛虫、小盖虫、焰毛虫、钟形虫、表壳虫等，轮虫类中以龟甲轮虫、叶轮虫、臂尾轮虫、多肢轮虫为主，枝角类中以网纹溞、象鼻溞、粗毛溞、尖额溞为主，桡足类中以苗条猛水蚤、大剑水蚤等占优势。底栖动物 3 门 14 个属（种），其中环节动物门 5 属（种），软体动物门 5 种。

根据《乌江思林水电站竣工环境保护验收调查报告》，2008 年 3 月、2011 年 5 月、2014 年 10 月开展了水生生物调查，设置 7 个调查断面，分别为库区中段（文家店）、右岸支流三道水、左岸支流六池河、库中黎家湾、坝前、坝下及右岸支流石阡河。根据调查结果，浮游藻类植物 6 门 54 种（属），其中硅藻门 23 种（属），绿藻门 15 种（属），蓝藻门 11 种（属），隐藻门和甲藻门各 2 种，裸藻门 1 种。浮游动物 4 类 50 种（属），其中原生动物 27 种，轮虫 14 种，枝角类 5 种，桡足类 4 种。调查区的水生植物在上游支流和坝下游岸边区域以水蓼为主，在上游支流和坝下游浅水区域以苦草、菹草、黑藻等沉水植物为主。

1.2 标记放流鱼苗

本项目标记放流的中华倒刺鲃和白甲鱼鱼苗来自索风营、思林（沙沱）鱼类增殖放流站人工培育的鱼苗，均为乌江野生亲鱼随机配对繁殖的子一代，白甲鱼繁殖时间为 4 月底，中华倒刺鲃繁殖时间为 5 月底。

1.3 标记方法和标记材料

基于本项目放流鱼苗规格较小（5 cm 左右）、放流数量较大（索风营放流规模为 9 万尾/年、思林放流规模为 57 万尾/年）、放流目的（资源恢复），综合比选多种方法[1~3]，本项目确定采用荧光标记法对部分放流鱼苗进行标记，标记部位位于鱼头额顶部。使用固化剂将荧光颜料调开，放置在针筒内，排空针筒中的气泡，将要标记的鱼置于左手掌上，用拇指和食指固定好鱼，然后用针头对准鱼头额顶部轻轻注入颜料。本项目荧光材料购于青岛海星仪器有限公司，使用注射器为美国的 TERUMO@1/2CC（27Gx1/2″）。对标记的鱼苗进行消毒，并放入增殖站的鱼苗培育池暂养 5 d 以上，待伤口愈合后再进行放流。2013—2014 年标记鱼的标记和放流情况见表 1、表 2。

表 1　2014 年索风营标记鱼的标记放流情况

种类	体长/cm	总放流数量/尾	标记鱼数量/尾	标记鱼放流数量/尾	标记鱼存活率/%	标记率/%
白甲鱼	4～6	30 000	8 722	8 025	92.0	29.1
中华倒刺鲃	4～6	15 000	4 036	3 210	79.5	26.9
岩原鲤	5～6	30 000	7 000	6 000	85.7	23.3
长薄鳅	5～6	15 000	6 000	5 200	86.7	40.0
合计		90 000	25 758	22 435		

表 2　2013—2014 年思林（沙沱）标记鱼的标记放流情况

年份	种类	体长/cm	思林总放流数量/尾	标记鱼数量/尾	标记鱼放流数量/尾	标记鱼存活率/%	标志率/%
2013	中华倒刺鲃	5～8	45 000	13 577	12 210	89.9	30.2
	白甲鱼	5～10	39 700	15 060	13 332	88.5	37.9
	长薄鳅	6～8	41 000	13 200	10 000	75.8	32.2
	岩原鲤	6～8	53 000	12 500	10 000	80.0	23.6
	胭脂鱼	4～6	12 000	3 000	2 000	66.7	25.0
	泉水鱼	4～6	48 000	9 000	7 200	80.0	18.8
	合计		238 700	66 337	54 742		

年份	种类	体长/cm	思林总放流数量/尾	标记鱼数量/尾	标记鱼放流数量/尾	标记鱼存活率/%	标志率/%
2014	中华倒刺鲃	5～6	30 000	9 021	7 598	84.2	30.1
	白甲鱼	5～6	50 500	37 505	32 303	86.1	74.3
	长薄鳅	4～6	31 000	10 000	8 200	82.0	32.3
	岩原鲤	4～6	50 000	10 200	8 900	87.3	20.4
	泉水鱼	4～6	50 000	10 000	8 500	85.0	20.0
	合计		211 500	76 726	65 501		

1.4 回捕调查

回捕调查在 2014 年、2015 年的禁渔期（2—5 月）结束后开展，索风营水电站库区设置两个调查断面，分别为索风营坝前、库中，思林水电站库区调查断面为黑鹅峡到文家店镇军家坝河段，包括军家坝、大院坝、陆池河、黑鹅峡 4 个断面，调查断面分布见图 1。

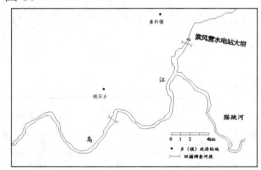

图 1　索风营、思林放流鱼回捕调查断面及标记鱼回捕点分布

项目组使用刺网 12 副（2 cm 网目，$H \times W$=1.5 m×50 m），另雇用渔船 7 艘，渔民使用刺网 11 副 [3～5 cm 网目，$L \times W$=（5～30）m×（200～300）m]，对于租用的每艘调查船，记录每次捕捞开始时间、结束时间、捕捞位置等，对所有渔获物进行逐尾称量，包括种类名称、体长（mm）、体重（g）。

在现场回捕调查的同时对渔民进行了访问调查，访问内容包括鱼类捕捞数量、种类、规格、捕捞时间、捕捞工具、捕捞的渔获物中是否发现了标记鱼等。

1.5 放流效果评估

根据文献资料[4-7]，鱼类增殖放流效果可以从经济效益、生态效益和社会效益三方面综合评估，基于本项目鱼类增殖放流的实施目的和项目研究结果，本文选择回捕率、放流后渔获物组成分析作为思林（沙沱）鱼类增殖放流站增殖放流效果初步评价的指标，通过相对重要性指数分析渔获物中的优势种。

回捕率是指捕捞的标记鱼数量与放流苗种数量的比值，用百分数表示；相对重要性指数 IRI＝（N+W）F，N 为渔获物中各种类的数量百分数，W 为各种类的质量百分数，F 为各种类在采样年份中出现的频率。

2 结果与分析

2.1 渔获物组成及分布

2.1.1 索风营

本研究 2014—2015 年在索风营库区共调查到鱼类 11 种，隶属 4 目 5 科。分别为鲤、鲫、鲢、鳙、鲶、黄颡鱼、加州鲈、餐条、麦穗鱼、草鱼、斑点叉尾鮰，渔获物组成及分布情况见表 3。

表 3　索风营库区 2015 年渔获物统计

种类	体长/mm		体重/g		尾数		质量	
	范围	均值	范围	均值	尾	%	g	%
鲫	88～145	115	24.6～178.3	69.5	194	12.92	13483	1.25
餐条	73～112	101	9.6～37.4	12.2	148	9.86	1 805.6	0.17
鲤	121～391	292	114.8～1 860.0	357.4	167	11.13	59 685.8	5.51
鲶	230～761	595	190.0～3 550.0	1 250.0	27	1.80	33 750	3.12
草鱼	192～793	405	147.0～2 150.0	582.0	105	7.00	61 110	5.64
麦穗鱼	59～87	68	5.7～10.5	8.6	28	1.87	240.8	0.02
鲢	136～492	274	67.0～2 910.0	1 140.0	296	19.72	337 440	31.2
鳙	116～595	359	78.2～3 900.0	1 321.0	387	25.78	511 227	47.2
斑点叉尾鮰	214～447	228	940.0～2 325.0	1 250.0	5	0.33	6 250	0.58
加州鲈	127～141	136	481.0～516.5	497.6	108	7.20	53 740.8	4.96
黄颡鱼	58～129	98	78.8～175.6	115.7	36	2.40	4 165.2	0.38
合计					1 501	100	1 082 898	100

表 4 为索风营电站库区渔获物的相对重要性指数（IRI），IRI＞1 000 的鱼类主要为鳙、鲢、鲶、斑点叉尾鮰、鲤、草、加州鲈、鲫、餐条。与建库前相比，鱼类优势种减少。

表4 索风营渔获物相对重要性指数特征

种类	质量百分数/%	尾数百分数/%	IRI
鲫	1.05	12.92	1 397.71
鳘条	0.18	9.86	1 004.48
鲤	5.41	11.13	1 653.78
鲶	18.93	1.80	2 072.67
草鱼	8.81	7.00	1 580.82
麦穗鱼	0.13	1.87	199.56
鲢	17.26	19.72	3 698.25
鳙	20.00	25.78	4 578.58
斑点叉尾鲴	18.93	0.33	1 926.10
加州鲈	7.53	7.20	1 473.00
黄颡鱼	1.75	2.40	415.04

2.1.2 思林

本项目 2014—2015 年思林电站库区渔获物调查中共捕获鱼类 12 种，为马口鱼、鲫、鳘条、鲤、鲶、草鱼、中华倒刺鲃、白甲鱼、麦穗鱼、鲢、鳙鱼、黄颡鱼，隶属于 1 目 3 科。两年捕获渔获物合计 2 687 尾、1 467.6 kg，其中中华倒刺鲃共捕获 43 尾，2014 年捕获 19 尾，2015 年捕获 24 尾；白甲鱼共捕获 19 尾，2014 年捕获 10 尾，2015 年捕获 9 尾，捕获的渔获物中未发现标记鱼。渔获物组成及分布情况见表 5。

表5 思林库区渔获物组成及分布

种类	2014 年				2015 年			
	体长/mm	体重/g	尾数/尾	总质量/g	体长/mm	体重/g	尾数/尾	总质量/g
马口鱼	71～90	15.9～27.5	7	147.3	76～98	17.3～29.3	5	65.1
鲫	97～178	27.0～175.2	152	21 710.1	94～184	25.1～180.1	202	27 354.3
鳘条	53～107	8.6～33.0	275	4 179	56～101	8.9～31.5	312	5 213
鲤	121～378	117.2～1532	143	46 131	114～386	107.7～1 750	121	43 233
鲶	238～750	162.0～4 500	34	30 143	210～736	162.0～4 310	23	19 618
草鱼	187～689	138.0～1 740	137	87 458	195～800	151.0～2 000	118	58 147
倒刺鲃	80～148	40.0～125.0	18	2 516.5	98～181	54.0～158.0	25	5 503
白甲鱼	96～387	23.0～654.0	7	1 120	112～450	27.5～700.0	12	2 015
麦穗鱼	76～84	9.3～10.7	27	228.2	72～85	8.7～11.2	31	311.2
鲢	116～478	43.5～3 800.0	224	231 700	127～461	47.2～3 670.0	188	200 900
鳙鱼	93～559	48.2～3 810.0	258	306 710	118～580	70.6～4 200.0	300	371 260
黄颡鱼	103～125	25.4～105.0	27	802.4	98～118	21.8～97.5	41	1 190
合计			1 309	732 845.5			1 378	734 809.6

表 6 为思林电站库区渔获物的相对重要性指数（IRI），IRI＞1 000 的鱼类主要为鳙、鲢、草、鲶、鳘条、鲤、鲫，与建库前相比，鱼类优势种减少。

表 6　思林库区渔获物相对重要性指数特征

种类	2014 年			2015 年		
	质量百分数/%	尾数百分数/%	IRI	质量百分数/%	尾数百分数/%	IRI
马口鱼	0.46	0.53	99.34	0.28	0.36	64.58
鲫	3.11	11.61	1 472.52	2.94	14.66	1 760.19
鳘条	0.33	21.01	2 133.96	0.36	22.64	2 300.46
鲤	7.03	10.92	1 795.60	7.76	8.78	1 654.58
鲶	19.32	2.60	2 192.19	18.54	1.67	2 020.59
草鱼	13.91	10.47	2 438.09	10.71	8.56	1 927.22
中华倒刺鲃	3.05	1.38	442.25	4.78	1.81	659.80
白甲鱼	3.49	0.53	402.23	3.65	0.87	452.01
麦穗鱼	0.18	2.06	224.69	0.22	2.25	246.78
鲢	22.55	17.11	3 965.88	23.22	13.64	3 686.66
鳙鱼	25.91	19.71	4 562.21	26.89	21.77	4 866.53
黄颡鱼	0.65	2.06	271.04	0.63	2.98	360.61

2.2　标记鱼回捕情况

2.2.1　索风营

在索风营电站库区，项目组通过现场回捕调查和对当地渔民的访问调查，均未捕获到标记鱼，捕捞的渔获物中未发现中华倒刺鲃、白甲鱼、长薄鳅、岩原鲤，可能与库区出现凶猛性肉食鱼类——斑点叉尾鮰、加州鲈有关。根据对当地渔民的访问调查，加州鲈和斑点叉尾鮰为网箱养殖逃逸的种类，在库区数量较大，对库区的鱼类组成、渔业资源都造成了较大的影响。根据调查，2014 年 7 月，乌江流域发生 20 年一遇的洪水，索风营库区网箱被冲毁，导致养殖的加州鲈大量逃逸，库区中加州鲈鱼的数量增多。由于加州鲈是肉食性鱼类，主要食物来源于小型鱼类及其他大型鱼类的幼鱼，因此这也解释了渔民鳘条捕捞量骤然下降的原因。

在索风营电站上下游水域，由于放流数量较少，而水体面积较大，且河谷陡峭狭窄、渔船较少，限制了捕捞调查的强度，导致放流鱼类的回捕率偏低，对增殖放流效果的评估有待进一步加强。

2.2.2 思林

根据访问调查和项目组对渔民捕获标记鱼（冷冻保存）的现场检查复核，渔民捕获的标记鱼标记物明显，共 14 尾，其中中华倒刺鲃 7 尾（2014 年 6 尾、2015 年 1 尾）、白甲鱼 7 尾（2014 年 4 尾、2015 年 3 尾），根据渔获物体长体重判断 2015 年 7 月捕获的一尾白甲鱼为 2013 年放流的鱼苗。捕获的标记鱼渔获物情况见表 7，回捕率计算结果见表 8，标记鱼回捕地点分布情况见图 2。

表 7　捕获的标记放流鱼情况一览

种类	体长/cm	体重/g	捕获时间	捕获地点	捕捞工具	与放流地点的河段距离/m	备注
中华倒刺鲃	12.2	40	2014 年 1 月	大沟	钩钓	15 430	
白甲鱼	14.6	32	2014 年 9 月				
白甲鱼	11.9	32	2014 年 9 月	唐家寨	电捕	15 203	
白甲鱼	13.3	32	2014 年 9 月				
中华倒刺鲃	20	160	2014 年 12 月				
中华倒刺鲃	17	146	2014 年 12 月	黑鹅峡	电捕	562	
中华倒刺鲃	22	170	2014 年 12 月				
中华倒刺鲃	14	68	2014 年 12 月	坝区码头对岸	钩钓	226	
中华倒刺鲃	17	74	2014 年 12 月				
白甲鱼	30	150	2015 年 3 月	唐家寨	钩钓	15 203	
中华倒刺鲃	8.0	40	2015 年 6 月	文家店	钩钓	24 105	
白甲鱼	45	700	2015 年 7 月	野猪崖	电捕	1 190	2013 年放流
白甲鱼	7.4	8.0	2015 年 9 月	白鹭湖	电捕	4 451	
白甲鱼	11.0	31.2	2015 年 9 月				

表 8　标记放流鱼类回捕率计算结果一览

年份	鱼类	标记放流数量/尾	捕获的标记鱼数量/尾	回捕率/%
2013—2014 年	中华倒刺鲃	12 210	6	0.049
	白甲鱼	13 332	4	0.030
2014—2015 年	中华倒刺鲃	7 598	1	0.013
	白甲鱼	32 303	3	0.009

由表 7、表 8、图 2 可知，在思林电站库区的 7 个地方捕获到荧光标记鱼，回捕地点距离放流地点 226～24 105 m，标记放流的中华倒刺鲃、白甲鱼的回捕率分别为 0.013%～0.049%、0.009%～0.030%。

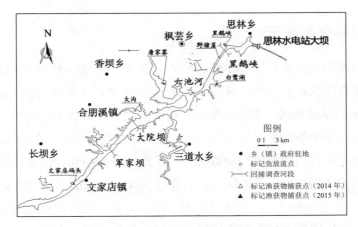

图 2　放流鱼回捕调查采样点及标记鱼回捕地点分布

3　讨论

3.1　标记方法分析

标记放流已成为评估水电站鱼类增殖放流对天然渔业资源补充和恢复效果的一种重要手段。鱼类标记方法有数十种，选择标记方法时，需综合考虑研究目的、放流鱼类的生物学特征、标记对象的规格、标记物的识别难度、标记费用、可操作性、放流水域环境状况等因素。本研究采用的荧光标记操作简单、标识物容易识别、费用较低、标记所需的人力也在可接受范围内，适合大规模放流的标记，缺点是随着时间的推移标记物容易淡化。该技术在水产养殖、水生生态研究中仍然具有很大的应用潜力。在今后的研究中，还可从以下几个方面进行突破：①改进检测设备，提高对标记的识别率；②对标记所用材料、方法进行研究，提高标记的被识别率；③开发新型安全、稳定、可食用染料，为荧光标记法提供更多的染料选择。

3.2　渔获物变化分析

与建库前相比，2014—2015 年回捕调查渔获物种类和数量减少，一方面与调查季节和网具的局限性有一定关系，另一方面则主要是由于乌江干流及索风营、思林库区支流建设的多处水利水电工程改变了原河流的自然生境，导致渔业资源及鱼类物种多样性受到破坏，鱼类资源衰退[8-10]。两年的回捕调查数据显示，总渔获量、渔获数量、每种鱼的体长和体重等没有表现出明显增大趋势，这表明索风营、思林电站库区鱼类资源已经衰退，在短时间内难以恢复。

3.3 标记鱼回捕效果分析

乌江鱼类资源增殖放流后回捕率低的原因主要为：①与捕捞工具、捕捞方法有关，渔民网具多使用双层或三层刺网，网目一般在 5 cm 以上，主要捕获较大规格经济鱼类；网目为 2～3 cm 的单层刺网，主要用来捕获餐条等生活在水体上层的小型鱼类。本项目标记放流的白甲鱼和中华倒刺鲃为底栖鱼类，且放流时规格较小，在放流后 1～2 年的时间内，捕捞用的网具对回捕放流鱼类效果较小。渔民分散捕获标记鱼采用的是钩钓和电捕的方法，钩钓方法因思林电站库区水域面积过大（38.35 km²）难以实施，电捕属于违法捕捞，对渔业资源破坏较大，不建议使用。②与所标记的两种鱼类的生活习性有关，根据资料[11,12]，中华倒刺鲃和白甲鱼均属于底栖性鱼类，喜欢成群栖息于底层多为乱石的流水中，刺网不易捕捞。

4 建议

鱼类增殖放流是一项长期而复杂的系统工程，其效果难以在短期内显现出来，对增殖放流效果的准确评估还需要长期监测和深入研究，根据本项目的研究结果对今后增殖放流工作提出如下建议：

（1）调整放流方法，建议采用船载平台流动放流，以降低幼鱼被捕捞的比例。

（2）优化放流地点，由于在思林电站库区回捕到的标记放流鱼均分布在库区的支流和库湾等浅水区域，因此，针对白甲鱼和中华倒刺鲃等底栖鱼类，建议其放流地点选择在支流、库湾等浅水区域。

（3）加强宣传教育和渔政管理，由于放流水域空间大，现场自主回捕调查效果有限，回捕调查工作离不开当地渔民的大力配合。因此，在今后的增殖放流工作中，需要大力宣传鱼类增殖放流的作用和对生态环境保护的意义，加强渔政管理，切实保护鱼类资源。

参考文献

[1] 王军红，姜伟，唐锡良，等. 长江三峡大坝—葛洲坝江段经济鱼类增殖放流效果初步评价[J]. 淡水渔业，2014，44（6）：100-103.

[2] 张雪，郭艳娜，张虎成. 水电站鱼类人工增殖放流标记方法研究概述[J]. 环境科学与管理，2013，38（12）：127-130.

[3] 周艳波，陈丕茂，冯雪，等. 麻醉标志方法对 3 种鱼类增殖放流存活率的影响[J]. 广东农业科学，2004，20：123-130.

[4] 陈丕茂. 渔业资源增殖放流效果评估方法的研究[J]. 南方水产科学，2006，2（1）：1-4.

[5] 段金荣，徐东坡，刘凯，等. 长江下游增殖放流效果评价[J]. 江西农业大学学报，2012，34（4）：795-799.

[6] 洪波，孙振中，张玉平，等. 黄浦江上游渔业资源增殖放流效果评价[J]. 水产科技情报，2009，36（4）：178-181.

[7] 张航利，王海华，冯广鹏. 长江口中华绒螯蟹和中华鲟的增殖放流及其效果评估[J]. 江西水产科技，2012，3：45-48.

[8] 陈龙，谢高地，鲁春霞，等. 水利工程对鱼类生存环境的影响——以近50年白洋淀鱼类变化为例[J]. 资源科学，2011，33（8）：1475-1480.

[9] 杨志，陶江平，唐会元，等. 三峡水库运行后库区鱼类资源变化及保护研究[J]. 人民长江，2012，43（10）：62-67.

[10] 张东亚. 水利水电工程对鱼类的影响及保护措施[J]. 水资源保护，2011，27（5）：75-77.

[11] 蔡焰值，蔡煜，雷晓中. 岩原鲤、白甲鱼与中华倒刺鲃增殖放流技术手册[M]. 北京：科学出版社，2014.

[12] 余先明，金根东. 中华倒刺鲃的生物学特征及养殖前景[J]. 现代农业科技，2008，16：250-252.

黄河上游干流班多水电站鱼道及生态泄流设施
工程建设管理

于　淼

（黄河上游水电开发有限责任公司，西宁 810000）

摘　要： 黄河上游水电开发有限责任公司为响应党的号召，在改善和推进黄河流域生态环境保护工作中发挥表率及示范作用，为减缓河段水电开发对水生生态环境的影响，落实《黄河上游茨哈至羊曲河段水电开发环境影响回顾性评价研究报告》及咨询意见的有关要求，在生态环境部、水电水利规划设计总院的大力帮助和支持下，组织建设了黄河上游干流首座过鱼设施及生态放水设施，即班多水电站鱼道及生态放水孔，并进行了设计、施工全过程的管理。尤其是克服了在已投运的工程坝区进行施工难度较大的困难，在施工过程中采取先进的施工技术和施工管理，避免对电站运行造成影响和安全风险。

关键词： 班多水电站；鱼道；生态泄流设施；建设管理

1　综述

1.1　工程概况

黄河上游龙羊峡以上河段流域面积 12.33 万 km²，河流总长约 1 600 km，总落差 2 050 m，水力资源丰富。茨哈至羊曲河段位于黄河龙羊峡以上干流河段的最下端，河段长度约 161 km，天然落差 401 m，具有水电开发条件。

黄河班多水电站位于青海省海南州兴海县曲什安镇与同德县巴沟乡交界处的黄河干

作者简介：于淼，男，教授级高级工程师，黄河上游水电开发有限责任公司副总经理，从事水电工程相关工作。

流班多峡谷出口处，电站坝址北距兴海县城约 55 km，东距同德县城约 50 km。班多水电站的开发任务以发电为主，水库无调节洪水能力。电站拦河大坝为河床式厂房混凝土重力坝，最大坝高为 78.72 m，装机容量为 360 MW。工程枢纽布置从左岸到右岸分别为左岸挡水副坝、泄洪闸坝段、安装间坝段、厂房坝段、右岸挡水副坝。班多水电站于 2010 年 10 月 23 日下闸蓄水，2010 年 11 月 26 日首台机组投产发电，2011 年 5 月 3 日全部机组投产发电。

1.2 鱼道工程背景

自 2012 年开始，为反映规划河段社会经济新发展，体现国家环境保护法规和政策的要求，黄河上游水电开发有限责任公司（以下简称"黄河公司"）委托中国电建集团西北勘测设计研究院有限公司（以下简称"西北院"）再次开展黄河上游茨哈至羊曲河段水电梯级开发环境影响评价及对策研究工作。2016 年 8 月，西北院编制完成了《黄河上游茨哈至羊曲河段水电开发环境影响回顾性评价研究报告》。环境保护部（现生态环境部）对该报告的咨询意见明确指出："应结合班多水电站已有过鱼方案和已建工程实际条件，进一步优化、细化工程设计，进行相关模型试验论证，保证最终的过鱼效果"。

根据上述工作基础及要求，黄河公司委托西北院于 2016 年起开展班多水电站鱼道工程专项设计工作。

2 设计过程管理

为保障设计成果科学合理，黄河公司在鱼道和生态放水设施设计工作过程中进行了全过程参与和管理。支持设计单位在黄河上游开展了首次鱼类游泳能力试验、鱼道水工模型试验，并在黄河上游已建梯级率先开展了已建电站库区和坝下地形测量、流场实测等工作。设计成果邀请国内专家团队开展了多次咨询及审查工作，确保设计成果质量。

2.1 鱼道设计成果

2.1.1 过鱼设施方案比选

班多水电站鱼道工程专项设计工作过程中，在班多水电站鱼道过鱼对象调查研究成果的基础上，结合班多水电站工程的枢纽布置和运行方式，黄河公司与设计单位充分沟通讨论，选定鱼道为班多水电站的过鱼方式。根据从现场水力条件、工程布置、施工难度、运行维护、工程量及投资等方面对各方案进行综合比选后，确定右岸鱼道布置方案作为班多鱼道的设计推荐方案。

2.1.2 鱼道布置

鱼道主要由进鱼口、鱼道池室、休息室、观察室、出鱼口等组成。工程结合平面转弯段共布置休息室 16 个（含大型休息室 1 个）、进鱼口 2 个、出鱼口 1 个、观察室 1 个，全长为 2 016.70 m。根据坝下流场流速实测情况及生态放水管布置情况，设计将鱼道 2 个进鱼口分别布置在厂房尾水下游约 310 m、380 m 处岸坡外侧。出鱼口布置在枢纽上游约 140 m 库区右岸。鱼道进鱼口段线路逆水流方向向上游延伸，在厂房尾水下游约 60～360 m 范围的右岸边坡以 "之" 字路的形式迂回向上，于厂房尾水下游约 250 m 处岸坡内侧开始延右岸施工道路向上游延伸至水电站枢纽，以开孔的形式通过右坝肩，之后继续沿施工道路向上游延伸至出鱼口[1]。

2.2 生态放水设施布置

生态放水孔位于右副坝③坝段，为减小孔洞气蚀、增大泄流能力，采用有压短管、出口无压，泄槽挑流消能形式。生态放水孔不参与泄放校核、设计洪水，其功能为向下游生态供水。

生态放水孔由有压短管进口段、泄槽平段、斜坡段泄槽及挑流消能段部分组成，总长为 145 m。进口底板高程为 2 752.0 m，控制孔口尺寸为 5.0 m×4.0 m（宽×高）。

进口段包括喇叭进口和闸门段，矩形断面喇叭进口的上唇和两侧墙为 1/4 椭圆曲线，以改善入流条件。闸门段内设事故闸门、工作闸门及通气孔等，闸门启闭系统采用坝顶门机；事故闸门和工作闸门的尺寸均为 5.0 m×4 m（宽×高）。二闸门孔口间距为 3.25 m。闸门后接泄槽平段长 27.3 m，其后接泄槽段斜段，泄槽斜段长 117.7 m，斜段底坡坡比为 0.267，泄槽断面为 5.0 m×5.0 m（宽×高），出口采用挑流消能，将水流挑到厂房尾水下游。鼻坎的反弧半径为 20 m，挑角为 11°，挑流鼻坎高程为 2 728.61 m。在泄槽挑坎底部出口设砼防护区，厚度 1 m。

生态放水孔在右副坝③坝段内部分二期施工，一期施工拆除坝下 0+004.00～0+015.00 m，宽 8 m，高 13.5 m 砼，重新浇筑砼和安装闸门等。二期降低水位到 2 750.5 m，对预留 4 m 厚砼开 7.0 m×6.0 m（宽×高）孔，并对凿除孔部分进行修补[2]。

3 施工过程管理

班多水电站鱼道及生态放水工程作为黄河上游干流高寒区建设的第一个鱼道工程，前期类似项目施工经验少，且电站已于 2010 年建成投运，施工过程中既要保证施工质量，还应避免对电站运行造成影响和安全风险，并减少施工带来的环境影响和水土流失，施工难度较大，这也对建设管理提出了更高的要求。

3.1　导流安全管理

班多水电站鱼道需开孔穿过右坝肩，生态放水孔布置位于右副坝③坝段，其进水口高程低于水库正常蓄水位 8 m，进口施工围堰等防护建筑物施工难度较大。生态放水孔出口位于黄河岸边，出口挑坎底部高程为 2 723.00 m，高于坝下 10 月至翌年 5 月 5 年一遇水位 2 722.12 m。综合考虑，生态放水孔进口施工采取枯水期施工，施工期降低班多库水位，不新建导流挡水建筑物的导流方式。采取的施工导流方式虽然造成了一定的发电量损失，但避免了新增导流建筑物施工带来的环境扰动，且保障了施工过程中的水库安全。

3.2　坝体安全管理

因需要在已建成并正在运行的大坝上开槽（洞）修建鱼道和生态放水设施工程，根据现场实际情况，为不影响水电站的正常运行，在开槽（洞）施工过程中不得有较大震动，避免影响电站运行，且需要高效拆除，满足工期要求，施工技术难度高。经黄河公司与施工单位多次研讨，选择的无损钻切技术是最优的解决方案。但本项目拆除难度较大，特别是二期开洞，混凝土块只能切割小块，切割后块体吊出难度较大。最后，经过组织参建各方讨论认为采用金刚石切割工艺能够保证拆除过程无震动且对坝体的影响最低。

坝体拆除过程中，通过采用薄壁钻钻头、锯片、绳索等系列金刚石工具在金刚石钻孔机、金刚石圆盘锯机、金刚石绳锯机等设备的驱动下对钢筋混凝土进行磨削切割分块，对需要保留的钢筋混凝土结构无任何扰动，达到无损性静态分离。

3.3　鱼道隔板施工质量管理

班多鱼道为竖缝式鱼道，隔板和竖缝的混凝土浇筑施工质量会直接影响鱼道建成运行后池室内的流场流态，进而影响鱼道的运行效果。因此，施工过程中要确保鱼道工程混凝土浇筑满足设计要求，隔板间距和竖缝宽度均匀，外观质量整洁美观，表面平整度和光洁度达到高标准要求。在综合考虑班多水电站所在地区场地和气候条件、吸取国内其他鱼道工程施工经验教训的基础上，黄河公司从严要求鱼道混凝土施工工艺，选用了定型大模板，确保了鱼道体型外露面无拉杆头，边墙无水平施工缝。混凝土采用集中拌制，保证了混凝土质量的稳定。鱼道施工场地安装了摄像头，黄河公司总部与现场建设公司共同进行施工监管。

4 视频监控及过鱼监测系统布置

为保证在保障工程经济效益的前提下，合理界定过鱼季节，优化鱼道运行流速，提高过鱼效果，将通过建立视频监控及过鱼监测系统开展班多鱼道工程诱鱼及过鱼研究，综合应用在线传感器、物联网、人工智能机器视觉、大数据分析等先进技术形成数字智能鱼道监测集成系统，形成鱼道运行效果监测的先进示范解决方案。

运行期鱼道监测系统拟采用鱼道生态监控系统，系统设备安装在过鱼通道上，利用红外扫描技术和高分辨率数码相机，可以对经过鱼道的鱼进行统计，并通过轮廓及视频图像可自动进行物种识别，达到掌握鱼道过鱼数量、种类和规律的要求，进而了解鱼道过鱼效果，总结鱼道设计、建设和运行经验。

鱼道视频监控系统对监视区域实施 24 h 不间断实时监控，便于及时掌握各施工区域的施工形象面貌和工程进度。能对系统内摄像机进行远方控制、调整，以便在指定的显示设备、客户端和操作者的计算机上显示出相应的监视场所和预制位的视频图像。系统采用标准的 TCP/IP 协议，支持跨网段、有路由器的远程视频监控环境。公网授权的网络客户端、手机端可通过系统软件远程调用鱼道视频监控系统的监控画面，不同的监控用户可根据自己的监控需求灵活切换到任意一个监控现场，可多用户同时观看一个现场，也可以不同用户选择任意现场监控。

班多水电站鱼道工程视频监控及过鱼监测系统累积的数据通过大数据分析，将为提高鱼道过鱼效果，保护生态环境提供有力的支撑。基于深度学习的人工智能计算机视觉在鱼道的应用，将是人工智能在鱼道项目的首次应用，具有很高的先进性和重要意义。

5 结语

班多水电站鱼道及生态放水设施工程是黄河上游干流第一座建设鱼道、生态放水设施的水电项目，将对带动流域鱼类保护、鱼类生境研究发挥示范效应，该项目的实施在解决鱼类洄游通道被破坏问题，保护鱼类种群完整性，并且发展鱼类种群的多样性，实现河流环境的连续性，同时对形成友好生态、保护自然的理念，实现人和自然友好相处、和谐发展等方面具有重要的意义。在鱼道和生态放水设施建设过程中，黄河公司从生态优先角度出发，进行了设计、施工过程深度管理，积累了宝贵的经验。后续运行期将通过过鱼效果监测，实施流域水生生态保护全过程管理示范。

黄河公司始终坚持"保护中开发，开发中保护"的开发理念，以绿色清洁能源开发促进黄河上游生态环境保护，带动区域经济社会协调发展，保障黄河安澜。我们将以习近平总书记《在黄河流域生态保护和高质量发展座谈会上的讲话》精神为重要指示，共同抓好黄河保护，协同推进黄河治理，带头推动黄河上游高质量发展，让黄河成为造福人民的幸福河。

参考文献

[1]　中国电建集团西北勘测设计研究院有限公司. 黄河班多水电站鱼道专项设计报告[R]. 2017.

[2]　中国电建集团西北勘测设计研究院有限公司. 黄河班多水电站生态放水设施专项设计报告[R]. 2017.

黄河上游青海省小水电开发现状及问题思考

周超艳

（中国电建集团西北勘测设计研究院有限公司，西安 710065）

摘　要：黄河上游流域是黄河径流的主要来源区，是我国极其重要的生态屏障，在维护国家生态安全中具有无可替代的战略地位，该地区海拔较高、生态环境脆弱，是我国三江源保护区的重要组成部分。黄河上游青海省内水能资源丰富，小水电开发较多，随着生态环境保护要求的提高，无序开发的小水电导致的生态环境问题逐渐突出，为切实维护黄河上游生态系统健康，实现黄河大保护目标，本文将对黄河上游青海省小水电开发现状进行梳理，对小水电开发及运行中存在的生态环境问题进行归类总结，提出有针对性的改进建议，为探明黄河上游小水电生态文明建设提供理论依据。

关键词：黄河上游；小水电；生态环境

1　引言

黄河从青藏高原巴颜喀拉山北麓的雪山起源，流域面积为 75.2 万 km²，河长为 5 464 km，年径流量 580 亿 m³。黄河干流按流域特点划分为上、中、下游三个河段，其中源头至内蒙古河口镇为黄河上游河段。青海省属于黄河上游河段的上游，黄河在青海省境内长约 1 663 km，流域面积 15.10 万 km²。由于青海省面积大，人口分布广而稀，尤其是黄河流域内三江源腹地的果洛州、海南州等偏远地区，长期以来大电网未能覆盖。2010 年以前青海省通过因地制宜地建设小水电，为青海电力做出了一定贡献，解决了青海省大电网未覆盖的果洛州和海南州等偏远地区的用电问题，小水电满足了当地各族群众生产、生活电力需求，对当地社会经济发展起到了重要作用，促进了当地工农牧业生

作者简介：周超艳（1984—），女，工程师，主要研究方向为水利水电环境影响评价及环境保护设计。

产的增长，也为提高各族人民群众的物质生活和文化生活水平、改善当地生活条件发挥了重要作用。黄河支流上的小水电大多位于电网末端，对电网稳定运行起到了一定的支撑作用。

2 小水电建设发展历程

小水电指单站总装机容量为 50 MW 及以下的小型水电站，小水电是重要的民生水利基础设施和清洁可再生能源[1]。改革开放初期到 20 世纪末因农村电力供需矛盾越来越大，国家鼓励和帮助地方政府及个人自力更生兴建小水电，小水电获得快速发展。该阶段大部分小水电由单站运行并入地方电网统一调度，为解决农村用电、初步实现农村电气化发挥了重要作用[2]。随着改革开放的不断推进，小水电的发展也越来越适应市场经济的要求，社会资本的进入使得小水电和相关产业的发展更加繁荣。小水电在促进农村经济发展、优化国家电力结构方面做出了巨大贡献。然而，小水电在发挥巨大作用的同时，规划不合理、开发无秩序、监管不到位等一系列问题也逐渐显现，严重威胁了部分地区河道的生态环境。

3 黄河上游小水电简况

黄河青海段支流繁多，进行过小水电开发的支流有 20 条，开发程度较高的支流均位于海拔 3 000 m 以下，为湟水、大通河、隆务河、曲什安河 4 条支流，其他从上游向下游有小水电零星分布的支流有达日河、西柯河、沙曲、永曲、泽曲、洮河、格曲、巴沟河、尕干曲、茫拉河、豆后浪河、农春河、西河、东河、尕让沟、支扎沟 16 条。黄河上游流域（青海省境内）小水电共 187 座，其中已建 175 座、在建 4 座、规划未建 4 座、停建 4 座，已建的 175 座电站中目前停运的 9 座，停运电站占已建电站比例为 5.14%。开发程度较高的几条支流小水电数量分别为曲什安河流域小水电共 7 座，隆务河流域小水电共 18 座，湟水流域（含大通河）小水电共 111 座，黄河上游流域（青海省境内）小水电有一半以上位于湟水流域。与其他省小水电建设情况比较，金沙江、雅砻江及大渡河流域四川省境内已建及在建小水电分有 314 座、579 座、1 247 座[3]，每个流域小水电数量均远高于黄河上游流域（青海省境内）。

黄河上游流域（青海省境内）小水电总装机容量约为 98.5 万 kW。装机规模 1 万（含）～5 万 kW（含）的电站 31 座，总装机容量为 77.90 万 kW；500（含）～1 万 kW 的电站 94 座，总装机容量为 19.59 万 kW；500 kW 以下的电站 62 座，总装机容量为 1.05 万 kW（图 1）。

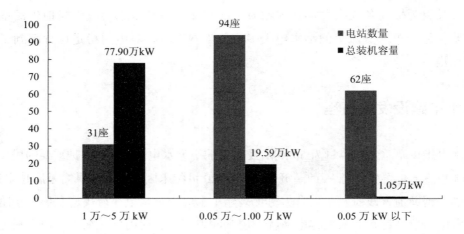

图1　黄河上游流域（青海省境内）小水电数量及装机规模分布

从开发方式来看，黄河上游流域（青海省境内）187座小水电中坝后式开发17座，河床式10座，引水式开发150座，混合式开发10座，引水式开发占比较高，达80.21%。从坝高看，黄河上游流域（青海省境内）187座小水电中5 m（含）以下的128座，5～20 m（含）32座，20 m以上的27座，5 m以下的占总数量的68.45%。

黄河上游流域（青海省境内）已建的175座小水电中，1980年前（含1980年）建成18座，1980—1990年（含）建成10座，1990—2000年（含）建成44座，2000—2010年（含）建成82座，2010—2015年（含）建成18座，2015年后建成3座（图2），2000—2010年是小水电建设高峰期，该时期建成的小水电占已建总量的46.86%。

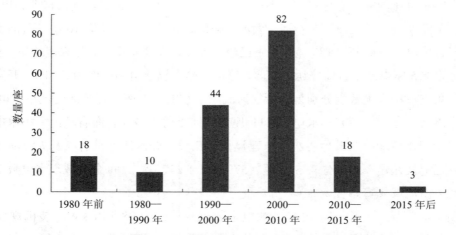

图2　黄河上游流域（青海省境内）不同年代小水电建设数量

4 小水电开发存在的问题

4.1 无序开发

黄河上游流域（青海省境内）已建成的 175 座水电站，很多是基于当时社会经济发展对电力的需求而建设，部分水电站列入电气化县建设和以电代燃料规划中，再加上当时法规政策尚未建立起来，大部分河流未做统一规划及规划环评。已建小水电中建设前做过规划的小水电有 27 座，占总数量的 15.43%，做过规划环评的仅有 1 座。部分小水电建成于《环境影响评价法》颁布前，未编制项目环境影响评价文件。《环境影响评价法》颁布后建成的小水电虽然大部分履行了项目环评，但是更多倾向于对目前生态环境的影响分析，对后续生态环境效应的分析与预测相对较少，对工程实施之后流域的生态系统功能变化、流域生态系统结构与功能退化，以及所应采取的可行性恢复措施等方面的工作深度不足。

4.2 与环境敏感区的矛盾

黄河上游生态功能特殊，分布有众多的环境敏感区[4]，部分小水电开发涉及国家级及省级自然保护区、风景名胜区、森林公园、地质公园和水产种质资源保护区。虽然大部分小水电建成时间早于敏感区成立时间，但是对保护区功能完整性造成了影响，特别是位于水产种质资源保护区内的小水电，使保护区片段化，失去了保护区建立的目的。

4.3 生态环境破坏严重

（1）坝下河段减水。小水电设计阶段环保法律不健全及设计技术力量不足，忽视了水资源开发规划的科学性与合理性，并未充分考虑流域总体规划的相关问题。黄河上游流域（青海省境内）小水电中 80.21% 属于引水式，缺少泄水建筑和调度规划，枯水期来水全部用来蓄水发电，导致下游河段出现断流现象，对下游生态环境与居民生活用水等造成严重影响。

（2）鱼类种类和资源减少。电站建设改变了河流水文情势，闸坝阻隔了鱼类洄游，鱼类生存空间大幅压缩，鱼类生物多样性急剧下降，黄河上游鱼类多属于冷水性鱼类[5]，繁衍生息速度较慢，生存环境遭到破坏后很难恢复。

（3）植被破坏。黄河上游生态环境脆弱，小水电项目大多位于植被条件良好的地区，大量临时占地施工结束后很难有效恢复，施工渣场、料场植被恢复不到位等导致地表植被严重损坏，易造成山体滑坡与水土流失。

4.4 环境管理缺失及监督不当

（1）环境管理缺失。小水电建设及运营单位大多无系统的环境管理制度，存在追求电量最大化造成了环境给电量让步的普遍现象，这种管理资源配置的不当，导致小水电在环境保护管理方面相对落后。有些小水电虽然做了环评，但实施中由于管理人员环保意识薄弱及费用等问题，未按照环评及批复要求落实相关环保措施。

（2）环保监督不当。小水电多建设在偏远的山区，环境管理职能部门配备的环保管理人员专业知识薄弱，从项目前期环评文件的办理上就出现漏洞，出现一批未批先建的情况。施工及运行过程中没有环评文件的指导，也就不存在落实环保措施。监督执法中没有环评文件作为依据，执法困难。

5 小水电整改及生态修复思考

5.1 制定合理的退出机制

（1）紧跟政策要求。青海省小水电开发应首先遵照《青海省人民政府办公厅转发省发展改革委等部门关于规范小水电项目开发建设管理意见的通知》执行，已建小水电可参考 2018 年《水利部、国家发展改革委、生态环境部、国家能源局关于开展长江经济带小水电清理整改工作的意见》中提出的"退出、整改、保留"三类逐站处置。

（2）敏感区优先退出。对于位于国家级自然保护区核心区及缓冲区的小水电必须退出，实验区的小水电需要开展对保护区的影响评价后，根据评价结果确定是否退出。其他生态敏感区内的小水电应采开展环境影响后评价，完善保护措施，对于无法完成保护要求的可考虑退出。

（3）一河一策。科学开展河流综合评估，定位河流的生态功能，对生态环境地位重要，破坏显著的流域重点研究，优先退出。

（4）一站一策。首先对已达到使用年限的小水电优先退出，其次在一河一策基础上对每个电站进行单独评估，对于生态环境影响显著且经济效益较差，无法承担修复费用的实施退出。但是也需要考虑是否有必要打破已重新建立的生态平衡需要科学评估，拆除跟当初建设一样不能盲目，避免出现新的环境问题。

5.2 开发干流保护支流层面上的修复

对于需要整改及保留的小水电，不是某一个梯级自身能解决的问题，应该从流域层面出发，通过开展流域水电回顾性评价进行改进。黄河上游龙羊峡至刘家峡河段干流水电开发程度较高，该河段于 2008 年完成了流域回顾性环境影响评价，至今已超过 10 年，当年提出的改进措施是否落实到位，新的环保问题是否出现，可以通过再次开展流域回顾性评价，将干支流水电运行中存在的生态环境问题统筹解决。

小水电大多由私人经营，运行管理不规范，生态环境部门提出的各项规定不能充分落实，生态环境部门监管困难；干流大型水电站均由国有大型企业运营，管理制度完善，均在生态环境管理部门的监管可控范围内。小水电经济效益不佳，干流大型水电站经济效益较好，但由于建设年代的关系干流大型水电站环保措施薄弱，重新增设环保设施存在一定困难。因此，可采用以大代小的方式，通过整改支流小水电来实现大型水电站的生态文明建设，小水电没有经济实力完成的过鱼设施、增殖放流设施等可联合其所在流域的大型水电站实施。

5.3 生态修复方案思考

在落实责任主体的基础上开展环境影响后评价，通过采取栖息地保护、生态流量泄放、修建过鱼设施、增殖放流、植被恢复及跟踪监测等修复措施，提高流域小水电环境保护水平。对位于水产种质资源保护区的支流，鱼类资源较丰富的河段应作为栖息地进行保护，强化河道连通、水生生态保护等措施。生态环境敏感的河段生态流量不低于多年平均流量的 20%（汛期 30%）；当出现实际来水流量小于生态流量要求时，按实际流量下泄。黄河上游流域（青海省）小水电多为 5 m 以下的低坝，对于小于 5 m 的低坝根据评估采用鱼坡、仿自然旁通道等方式建设过鱼设施，坝高较高的根据实际情况评估后实施过鱼措施。另外为了便于青海省各主要流域水电水利工程的环境管理，切实落实各项生态环境保护措施，建议进一步创新管理模式、引入环保管家提供第三方专业服务。

6 结语

黄河上游流域（青海省境内）小水电以引水式开发为主，坝高主要在 5 m 以下，装机规模主要集中在 500~10 000 kW，建设年代集中在 1990—2010 年，建设数量上远少于其他流域。现阶段小水电已完成社会赋予其的历史使命，随着社会的发展，能源结构的调整，应为生态文明建设让路。因此根据党的十八大和习近平总书记黄河流域生态保护和高质量发展座谈会精神，青海省小水电建设及发展应立足生态文明现行示范区建设，统筹考虑小水电发展与环境保护的可持续发展，从流域层面出发，采用一河一策、一站一策的原则解决小水电目前存在的困境。

参考文献

[1] 中华人民共和国水利部. 水利部关于推进绿色小水电发展的指导意见[J]. 小水电，2017（1）：1-2.

[2] 陈星. 我国小水电开发对生态环境影响的研究[J]. 中国农村水利水电，2009（4）：134-136.

[3] 王凯利，何林，陈明千，等. 基于四川省"三线一单"的小水电管控要求研究[J]. 中国农村水利水电，2020（5）：160-164.

[4] 国家林业局调查规划设计院.青海三江源国家级自然保护区总体规划[R]. 2011.

[5] 沈红保，李科社，张敏. 黄河上游鱼类资源现状调查与分析[J]. 河北渔业，2007（6）：37-41.

流域水电开发生态环保全过程管理探索与实践

邢 伟 胡江军 李富兵 毛 进

（华电金沙江上游水电开发有限公司，成都 610041）

摘 要：近年来，国家对水电开发提出了更高的生态环保要求，要求强化建设项目环境影响评价事中、事后监管。从环保规划、体系建设、专项设计、措施落实、监督管理等角度，分析了金沙江上游川藏段水电开发生态环保全过程管理的探索性工作，总结了建设单位强化自我监管、全面保障环保措施落实取得的初步成效，对推进"绿色水电"发展具有重要意义。

关键词：绿色水电；环境保护；过程管理

1 引言

作为由国家规划提出的十三大水电基站之一，金沙江水电基站的开发得到了关注，其重要组成部分便是金沙江上游流域。金沙江上游川藏段岗托、波罗、叶巴滩、拉哇、巴塘、苏洼龙、昌波七级电站由华电金沙江上游开发有限公司（以下简称"金上公司"）负责开发，总装机容量为 9 136 MW。目前，巴塘、叶巴滩、拉哇、苏洼龙的项目已核准开工，苏洼龙、叶巴滩已完成截流，岗托、波罗、昌波正在开展可行性研究工作。本文从环保规划、体系建设、专项设计、措施落实、监督管理等角度，分析总结了金沙江上游川藏段水电开发强化生态环保自我监管、保障措施落实的探索性工作和取得的初步成效，将对"绿色水电"这一理念的发展起到重要的推进作用。

作者简介：邢伟（1966—），男，四川成都人，正高级工程师，硕士，主要从事水力发电工程环境保护管理工作。

2 紧跟国家政策，不断提高生态环保意识

金沙江作为全国的水电开发重点河流，在各个方面都得到了政府和水电开发单位的重视。如何坚持生态优先、绿色发展，如何科学有序地推进金沙江水能资源的开发和利用，使金沙江流域在保护中发展、在发展中保护，成为我国生态环境部门和开发公司的首要难题。政府逐渐将建设项目环境影响评价的工作从注重事前审批转变为加强事后监督管理，而新环保法及相关政策法规的出台则表明了现代水电建设项目环境管理逐渐向着"严监管"来转变。随着未来生态环保的压力越来越大以及社会对环保的要求越来越严格，生态环保已经成为水电开发的红线和底线。

3 超前谋划，积极创建"绿色金上"

3.1 明确金上水电开发生态环保管理目标

水电开发的生态环保工作首先应该明确项目涉及流域的生态环保管理目标。以金上公司为例，金沙江流域的水电项目开发初期就由金上公司提出了"建设以单个水电项目为典型代表的环保精品工程，全面打造'绿色金上'，争创国家级环保、水保荣耀"的生态环保目标。金上公司在 2016 年发布了《创建"绿色金上"工作方案》，该方案是国内目前较好的一份流域水电生态环保规划报告，是流域公司在水电开发项目初期就编制发表绿色水电规划方案的先例，这对于后续水电开发的环保工作将起到积极的推动作用。

3.2 建立金上水电开发生态环保组织体系

建立开发流域的生态环保组织体系是水电开发生态环保的一个重要过程。其主要作用在于能通过成立相关的工作组织体系，承担起流域内生态环保工作的统筹、指导、监督、考核等职能。金上公司在流域开发和管理过程中建立了由专业管理人士组成的生态环保领导工作组并在开发筹建阶段成立了流域环保管理中心这一个独立的生态环保管理机构。该机构具备以上提及的生态环保工作的相关功能。同时，各电站建设分公司均建立了安全环保部并配置了专职的环保管理人员来加强各分公司的环保工作的推进。与此同时，金上公司通过及时委托环保与水土保持监理，通过革新环保管控体系将业主与环保和水土保持监理的职能进行协调统一，建立各个电站环保的管理中心，充分加强了基层的管理力量（图1）。

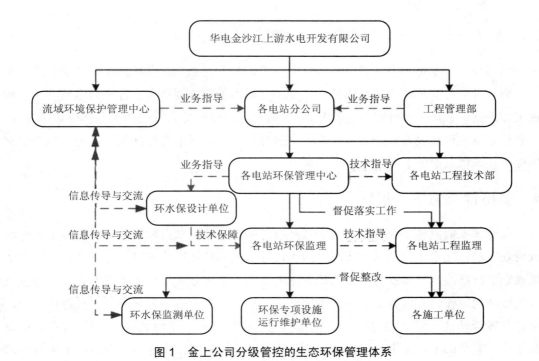

图 1　金上公司分级管控的生态环保管理体系

3.3　建立金上水电开发生态环保制度体系

　　流域水电开发的生态环保需要制定相关的生态环保制度体系。这种制度体系需要根据流域实际情况，以国家生态环保法律、法规和政策为基础来制定。金上公司按照相关法律法规和国家政策，按照基本制度、一般制度以及实施细则这 3 个层次（表 1），形成了下位关系清晰、配置合理，全过程、全方位、全要素的环保管理制度体系。同时采用了年度培训等多种方式促进相关水电开发环保制度体系的建立和发展。

表 1　生态环保管理制度体系框架

制度类型	制度名称
基本制度	生态环保管理办法
一般制度	环保与水土保持"三同时"管理办法
	环保与水土保持监理管理办法
	环保与水土保持监测管理办法
	环境事件责任追究办法
实施细则	环保与水土保持监督检查、考核办法
	突发环境事件应急预案
	水电工程招标文件环水保标准条款

3.4 编制金上水电开发生态环保总体规划

总体规划在水电开发中具有重要作用，不论是工程规划还是环保工作规划，都需要一个适当且可行的总体规划作为基础。金上公司为了统筹规划金上各梯级电站的生态环保工作思路，开展了"金沙江上游川藏段水电开发环保与综合管理体系总体规划研究"，研究结果从流域层面对整个水电开发的生态环保工作进行了总体规划，这为流域内生态环保的技术体系提供了重要的支持。

4 坚持预防为主，规划先行

金沙江上游流域水电规划是我国《环境影响评价法》发布后规范开展的首个大型流域规划项目，在水电规划研究阶段，同步进行了规划环境影响研究工作。金沙江上游水电规划坚持落实水电开发与生态保护并重的原则，将规划河段可能涉及的环境敏感区及环境敏感问题作为开发方案制订的重要参考因素，使资源规划方案的技术具备可行性，经济具备合理性。遵照"生态优先、统筹考虑、适度开发、确保底线"的指导方针，在资源规划方案基础上，金上公司拟将完全不涉及自然保护区，生态、社会环境影响较小，且经济指标较好，开发建设条件较优的梯级作为本次规划的实施方案。

2011 年 9 月，环境保护部印发了《金沙江上游水电规划环境影响报告书》的审查意见。2012 年 7 月，国家发展改革委批复了《金沙江上游水电规划报告》，同意岗托、波罗、叶巴滩、拉哇、巴塘、苏洼龙、昌波和旭龙 8 个电站为规划实施方案，相比于资源方案，规划实施方案保留自然河段 289.1 km，保留率从 10.2%提高到 37.4%，未利用落差占规划河段总落差的比例提高到 33.0%，资源开发利用程度降到 62.6%（图 2）。金沙江上游水电规划及规划环境影响评价合理的安排了流域水电开发布局、规模和时序，最大限度地减少了水电开发的资源与环境成本，并将其控制在资源环境承载力允许的范围内，从而实现我国水电开发与环保的双赢。

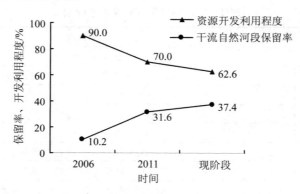

图 2 金沙江上游水电规划方案优化过程趋势示意图

5 立足事前防控，开展深化设计

5.1 环境影响评价阶段的生态环保设计

作为生态环保管理全过程中的重要环节，环境影响评价在建设前中后期都发挥着关键的作用。早期完成的苏洼龙、叶巴滩、拉哇、巴塘电站环境影响报告书通过紧密结合主体工程设计了全面、严格的环境保护措施体系，包括施工期环保措施、生态流量下泄以及水文情势减缓措施，水温恢复措施，鱼类栖息地保护、过鱼设施、增殖放流等鱼类保护措施，生态调度措施等（图 3）。报告书结合工程建设进度，按"三同时"要求对各项措施的建设节点和建设进度要求进行逐一落实，对环保投资进行概算，以此对项目建设和运行过程中的各项环保工作的施行进行有效的指导。

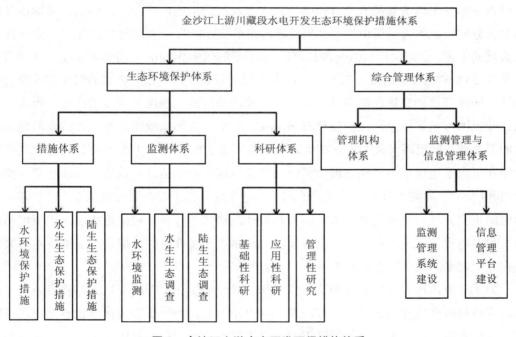

图 3 金沙江上游水电开发环保措施体系

5.2 后续设计阶段的生态环保设计

参照环境影响报告书及批复意见，在后续阶段对环保措施进行具体设计，能够有效落实环保"三同时"的要求。编制完成的各在建电站环保总体设计和"三同时"实施方案，明确了环保管理体系和职责、主体工程以及环保专项中的主要环保措施的具体方法和生产工艺、分标规划和实施计划、环境监测规划等。专项环保工程的规划应该对应具体的环保工程，在此基础上提出施工图，包括过鱼设施、鱼类增殖放流站、施工区生产、生活污（废）水处理系统、水土保持工程等项目设计的成果，这些成果将成为未来实施环保措施的重要技术保障。

6 加强事中监管，全面落实生态环保措施

6.1 全面落实生态环保措施

为降低因为水电站建设过程而导致的对自然生态环境的不利影响，各在建电站应该全面落实水环保、大气环保、声环保、固体废物处置、陆生生态保护、水生生态保护、水土保持等各项措施，确保满足生态环保要求。

以金沙江上游流域的水电开发为例，在政府的指示下，西曲河、玛曲、斜曲以及藏曲的部分河段被作为受保护的鱼类栖息地，在早期开发的 4 级电站的流域中，金沙江上游流域的干流、支流保留自然河段长度已由规划阶段的 289 km 增加到 424 km，其中藏曲下游约 53 km 左右的河段被西藏自治区人民政府规划作为叶巴滩电站的受保护的鱼类栖息地。同时开展栖息地保护专项设计，苏洼龙西曲河栖息地保护专项设计通过审查，巴塘、叶巴滩等电站栖息地保护设计有序开展。针对鱼类增殖放流，在工程截流前建成投运的苏洼龙、叶巴滩鱼类增殖站在运行后已经完成了鱼类放流 155 万尾的任务，其中叶巴滩在国内水电建设中率先实现"截流前建成投运鱼类增殖站，截流当年成功实施鱼类繁殖和放流"，并同步开展放流效果监测。苏洼龙升鱼机正在开展土建施工，叶巴滩、拉哇电站正在开展一系列关键技术的研究和设计，例如，升鱼机和集运鱼船。巴塘电站鱼道工程专题设计已通过审查；叶巴滩、拉哇电站正开展叠梁门分层取水关键技术研究，现在分层取水的设计工作正同主体工作一起进行。

为了开展流域内环境修复和监测等工作，对应金沙江上游高海拔高寒特点的干旱河谷适应植物研究也在同步进行。苏洼龙、叶巴滩适生植物园试验园相继建设完成，并制定了各个水电站在生态环保修复过程中需要恢复的适生物种的模拟计划，使当前各个在建水电站施工区内地植被恢复工作正在有序推进。除植被恢复工作外，正在建设的苏洼龙野生动物观测站，也在研究编制小爪水獭、矮岩羊等野生动物的保护方案。

砂石加工废水处理设施已陆续建成并投入使用。沉淀法被用于处理混凝土拌和系统废水，生活污水和含油废水则使用成套的先进设备进行回收处理。同时，水电站场内的绿化、降尘等工作使用的是各个水电站经过回收处理的废水。

对各个水电站产生的生活垃圾将进行统一的运输处理，处理地点为地方垃圾填埋场。

其中有一处垃圾压缩转运站已在叶巴滩电站建成投运。废油通过在各个电站内设置临时收集贮存点来进行回收，叶巴滩和苏洼龙电站已建成废油收集转运站，并通过有相关资质的专业单位进行定期的废油处理。

除此之外，金上公司在叶巴滩电站按照"先截流、后开挖"的施工顺序，避免渣体入江。通过合理规划料源，加大回采利用率，在苏洼龙、巴塘电站优化取消 2 个料场、3 个渣场。在苏洼龙电站结合植被恢复、复垦、精准扶贫等工作项目开展了表土管理工作以加强水电开发区域内的表土管理。

6.2　强化实施过程环保监管

在环保工作的实施过程中，需要建立对应的监管措施来保障环保工作的顺利进行。由此，金上公司通过建立内部监督检查制，实行分级定期监督。采取持续通报、预警、问责等闭环监管措施。对突出问题整改不达要求的，将下达风险预警通知单或按公司拟定的《环境事件责任追究办法》进行问责。

金上公司通过委托拥有监测资质的单位开展环境监测和水保监测工作，掌握现状以指导现场施工，减少环境风险。通过集中委托一家单位对在建的 4 个电站同期开展陆生、水生生态调查，建立金上流域生态环境长期监测结果数据库，为将来的竣工环保验收和环境影响评价提供合理有效的数据资料。

此外，第三方单位被委托进行在建小项目的环境影响跟踪评价，逐年整理规划实施过程中存在的问题，并提出流域水电环境管理合理化的相关建议，以实现金沙江上游流域水电开发与环境保护的和谐发展。

6.3　强化生态环保验收管理

规范施工期生态环保管理是流域水电开发过程中生态环保工作的重点，为加强事中管理，金上公司参照国家竣工环保和水保自主验收的要求，增加了截流阶段环保和水保专项验收工作程序。在 2019 年完成了叶巴滩水电站截流阶段环保和水保专项验收。现阶段正在开展苏洼龙水电站"三通一平"工程竣工和蓄水阶段验收、巴塘水电站"三通一平"工程竣工和截流阶段验收现场调查工作。

7　多措并举，强化生态环保保障措施

在企业内部，金上公司通过培训、讲座等形式系统讲解国家生态环保法律法规及管理要求，不断强化环保责任意识，并与流域内各机构联合开展学习交流会，促进各方面环保意识的提升。

落实考核、奖励与责任追究，实现体制保障。金上公司将生态环保纳入企业年度绩效考核中，将环境保护与水土保持纳入工程综合奖励制度中。对于出现的破坏生态环境问题，按照相关的办法开展内部问责，确保生态环保工作的进行。

加强生态环保人才队伍建设，提供人才保障是提高水电开发过程中生态环保工作可持续性的有效办法。通过加大教育培训的力度，邀请地方行政主管部门、大型流域开发公司的相关专家进行授课，以提高员工业务技能，夯实人才基础，为后续生态环保相关工作的开展提供保障。

最后，需要确保生态环保资金足额投入，增强资金保障。金上公司合理足额编制环保、水保概算投资，科学合理制订资金使用计划，保障环保重点工程的资金投入。

8 结语

作为长江重要的生态安全屏障，金沙江上游的生态环境十分脆弱，其特殊的地理位置和自然环境对生态环保工作提出了非常高的要求。金上公司施行的流域生态环保管理体系获得了有效的运转，通过全过程、全方位的生态环境管理，生态环境保护管理水平得到了逐步提高，初步形成了水电开发与生态环境和谐发展的流域水电开发新格局。同时，金沙江上游水电开发环境影响跟踪评价年度报告认为：金沙江上游各水电环保设施和运行管理机制总体持续有效，施工期环保措施整体执行情况较好，工程建设引起的环境影响得到了有效控制，为营造"绿色金上"奠定了坚实的基础。

参考文献

[1] 邢伟，毛进. 水电开发生态环保管理体系的探索与实践[J]. 水力发电，2020（9）：32-35.

[2] 单婕，顾洪宾，薛联芳，等. 水电开发环境保护管理机制分析[J]. 水力发电，2016（9）：1-4.

[3] 汪良，邢伟，毛进，等. 新常态下创建"绿色金上"的研究[C]//华电研究与探索（2017 年）. 北京：中国电力出版社，2017：50-64.

基于智慧企业的流域生态环境监控中心
建设思考和实践

陈帮富 黄 翔 时小燕

（国电大渡河流域水电开发有限公司，成都 610041）

摘 要：水电开发生态环境保护管理工作涉及专业多、领域广，并贯穿水电工程从项目前期、工程建设、运行管理全阶段。在系统全面梳理水电开发生态环境保护业务的基础上，按照大渡河公司智慧企业顶层设计架构，开展了"大渡河流域生态环境监控中心"建设的思考和实践。以生态环境保护管理大数据为依托，打造集信息展示、业务管控、智能决策为一体的水电开发生态环境保护管控平台，以实现水电开发生态环境保护的全周期智慧化管理。

关键词：水电开发；环保管理；智慧企业

1 引言

随着信息技术的迅猛发展，"智慧企业"已成为企业未来发展的方向[1]。国电大渡河流域水电开发有限公司正加速推进建设大渡河"智慧企业"建设，运用物联网、大数据、云计算等现代 IT 技术，通过体系、流程、人、技术等企业要素的有效变革和优化，提高对流域开发、电站建设、生产运行、电力交易和企业管理的洞察力，提升企业智慧，增强企业应对外部风险能力，实现企业健康可持续发展[2]。为更好践行大渡河公司"与青山绿水为伴，让青山绿水更美"的环保理念，实现"在开发中保护，在保护中开发"，按照大渡河公司智慧企业总体战略规划要求，进行了"大渡河流域生态环境监控中心"建设的思考和实践。

作者简介：陈帮富（1965—），男，汉族，贵州赤水人，高级工程师，主要从事水利水电工程建设与环保管理工作。
E-mail：723548878@qq.com。

2　建设思考

2.1　定位

依据"智慧企业"建设规划，需开展大渡河生态环境感知网络和数据库建设升级及管理平台开发，有序推进生态环境监测体系的完备与自动化、数据库的标准与融合共享，加强生态环境风险的智能感知、动态评估、实时预警、辅助决策等应用研发，以实现水电开发全过程环境风险的动态评估与决策支持。

生态环境监控中心是大渡河公司"智慧企业"专业脑的重要组成部分（图1），向下对接各个智慧单元（单元脑），即智慧工程、智慧电厂、智慧调度和智慧检修四大业务单元的相关环保数据，横向对接大渡河公司相关业务系统（工程管控数据中心、安全管控系统等），向上为公司决策指挥中心提供数据分析成果。

生态环境监控中心面向大渡河公司宏观、整体的把控需求，集成、集中项目公司环境保护管控工作，运用数据分析技术实现对环境保护工作存在风险的智能预警，同时支撑公司决策指挥中心对各项目环境保护重要指标和重大问题的辅助决策。

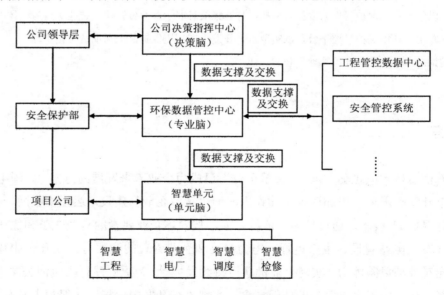

图1　大渡河流域环境保护数据管控中心定位

2.2 建设目标

以适应流域水电规划及可行性研究、工程建设、电站运行等各阶段不同的环境保护业务管理内容为基础，通过大数据分析挖掘，实现对流域环保业务管理数据集成、管控高效、预警智能、辅助决策的目标。

（1）数据集成：建立大渡河生态环境监控中心，通过"互联网+"、地理信息系统平台，从物理存储、数据标准、系统接口等不同层次，感知水电站环境保护工作中各要素的状态，实现环境保护信息流的集成，连通分子公司各梯级电站环境保护工作的"信息孤岛"，为大渡河公司环境保护数据提供统一的入口。

（2）管控高效：从分子公司各梯级电站环境保护模块的数据中，自动筛选并实时监控环境保护的重要指标数据，支撑大渡河公司对流域环境保护的宏观管理和高效管控。

（3）预警智能：运用数据分析技术对环境保护相关指标项的数据进行规律性分析及趋势预测，建立管控指标体系，提前预警可能超标的指标，并通过 PC 端、移动 APP 等多种方式及时将预警信息发送到对应的用户进行问题处理，做到智能预警。

（4）辅助决策：建立大渡河公司环境保护知识库，持续积累环境保护工作技术资料、典型案例及经验教训，为大渡河公司后续环境保护管控提供决策参考；管控中心综合展示相关监测数据及预警分析成果，协助重大环境问题决策会商，为决策指挥中心提供决策依据。

3 探索和实践

3.1 建设内容

生态环境监控中心建设主要包括环境保护数据中心和流域环境保护智慧管控平台建设两个方面。环境保护数据中心包含系统所需的基础空间地理、三维模型、项目图件、文档资料、环保相关标准等方面的环保业务数据信息。流域环境保护智慧管控平台重点解决过去各项目环保业务"信息孤岛"问题，统一业务流程和数据标准，从流域层面规范大渡河公司各项目各阶段环境保护专业化服务的管理制度和流程，建立系统的环境保护管控机制和标准。环保管控平台包括综合展示、综合管理、生态环境监测、环境预警、环境应急 5 个模块。

（1）综合展示：在地理信息系统平台上展示流域电站分布、环境敏感对象、重要生态环境保护措施的分布和概况等信息；实现流域电站梯级分布、电站基本信息的查询，珍稀保护动植物、自然保护区、风景名胜区、水源保护地、重要文物保护单位、生态红线以及工程区河段鱼类"三场"分布于工程占地的区位关系等数据的查询展示；对重要生态环境保护措施实景三维展示。

（2）综合管理：覆盖项目环境保护工作全生命周期，以项目各阶段环境管理要素控制为导向，对项目环境基础信息、"三同时"落实情况和环保相关数据的统计分析进行管理。

（3）生态环境监测：根据各生态环境监测指标、内容和要求，对水环境、环境空气、声环境、水土保持、生态调查及过鱼效果等监测数据进行展示和管理，为环境预警和决策提供数据支持。

（4）环境预警：结合不同阶段项目特点和管控内容，构建流域环保智能管控体系，设定预警触发边界条件、预警规则和响应流程，按照不同事件、级别、影响对象建立分级预警模型，形成以管控环保"三同时"和预警、决策为支撑的流域项目智能环保管控能力。

（5）环境应急：对项目应急预案、环境风险源、应急资源应急预案演练等信息进行数据化管理，并在发生环境突发事件时为决策提供支持。

3.2　总体架构

大渡河流域生态环境监控中心总体架构包括"一中心、一平台、三板块"。其中"一中心"是指环境保护数据中心，是实现环境保护工作自动预判、决策支持的信息基础；"一平台"是指环境保护智慧管控平台，是环境保护工作实现自动预判、决策支持的中枢；"三板块"是指工程建设、电厂运行和生态调度管理三大板块的专业应用，是环境保护工作的业务基础和数据交换对象。

环保数据中心由数据应用层、数据存储层、数据接入层组成，见图2。

环境保护数据中心需符合大渡河智慧企业 IT 单元要求，是大渡河公司智慧企业云计算中心的组成部分。主要负责工程前期及建设、电厂运行和生态调度等相关环境保护信息的储存、分析、查询和共享，实现各业务系统间数据的互联互通，是环境保护数据管控中心的数据及环保决策知识集散地。环保数据中心数据包括两类：一类是只需要进行录入和信息化处理的资料，包括流域规划、项目可研的环评报告和环评批复，以及与环境保护相关的资料，项目建设期环境保护管理、监理等资料，电站运行期环保管理、环保设施运行记录等资料；另一类是只需要直接接入使用的数据，包括各阶段要求的环保监测参数、环保设施运行监控、电站的生态流量等。

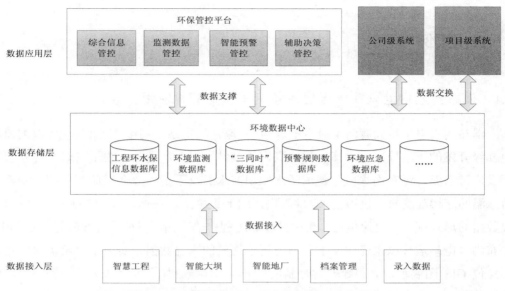

图2 大渡河流域环境保护数据管控中心数据架构

环境保护智慧管控平台主要是利用环境保护数据中心的数据资源，结合风险分级预警管控模型及决策知识库，实现环保项目 KPI 管控，风险分级预警、智能辅助决策，对各项目环保业务进行综合管控。根据大渡河公司智慧企业分级管控规划，环境保护智慧管控平台包括大渡河公司和项目公司两个层级，项目公司层级具体负责项目级环保相关业务数据及执行过程进行管理，具体包括与环境保护相关的监测、进度、合同、文档、设施设备等各种数据；大渡河公司层级主要是对流域各项目环保业务进行宏观管理，负责对项目关键 KPI 指标进行管控，对各项目公司环保相关数据进行综合分析和分级预警，并结合企业知识库及决策支持系统进行自主决策和自我演进。

按照水电开发各阶段特点，结合智慧大渡河业务架构及专业管控数据中心的要求，专业应用划分为工程前期及建设、电厂运行和生态调度管理三大专业板块。其中，工程前期及建设板块包括流域环境保护综合展示、水、大气、声等环境保护、固体废物处理、陆生和水生生态及水土保持等内容，实现对环保水保"三同时"措施落实的管控，统计分析相关环境保护监测数据，对污染物处理效果、水土流失防治、生态流量泄放等关键环境因子进行监控，达到风险自动预警、措施智能决策的智能管理要求；电厂运行板块包括水环境保护、水生生态保护、陆生生态保护和后评价等内容，整合各梯级电站环境现状及环水保措施监测结果，并用图片、表格、文字、影音和真三维模型等展示生态环境变化情况；生态调度管理板块主要是以管控各电站生态流量下泄情况为主。

4 应用案例

4.1 瀑布沟水电站水库水温实时监测与智能管控应用

瀑布沟水电站是大渡河干流水电规划 22 座梯级电站中的第 17 级，是大渡河流域水电梯级开发的下游控制性水库工程，具有季节性水温分层现象。为了实时掌握和管控水库及河道水温，瀑布沟水电站建成了水库坝前水温及下游水温在线监测系统，坝前及下游水温的连续观测断面仪器记录间隔频次为 1 h 记录 1 次数据，每天整点采集，实现了水温数据的形式统一、快速传送、集中接收和远程传输存储。目前，已实时记录了 2013 年瀑布沟水电站运行以来库区及下游河道逐日逐时的水温数据，实现了电站水温监测断面和点位 GIS 图展示、监测数据实时显示和下泄水温统计图、库区水温分布图展示。应用长期监测的大量水温监测数据和智能管控平台内嵌的立面二维水温数据模型，成功分析了不同时期水温结构、水温分层特性（温跃层变化情况等）及坝前垂向水温变化规律、坝前水温分布和下泄水体水温相关关系、下泄水温的延迟程度等，为实现库区水温智能化管控奠定了基础。

4.2 流域水电站群生态流量智能管控应用

大渡河流域建成运行的 8 个梯级电站都分别设置了生态流量下泄在线监测设施，实时监测水电站下泄流量数据，视频监控泄水口实况，实时将现场信息远程传输至当地水利监管平台及大渡河公司自建的大渡河流域生态流量远程监控管理平台，实现企业实时监控与行政主管部门实时监管的数据共享与对比分析。

基于大渡河流域生态流量远程监控管理平台，设置了生态流量下泄未满足要求的预测预警指标体系，根据预警分类级别，以手机短信告警各层级管理人员。基于该平台，可从泄放达标率、设备在线率、不达标自动报警率来考核评估生态流量下泄情况，为下游水生生态保护及生态调度研究提供技术支持。

5 总结及展望

（1）基于大渡河公司智慧企业管理理念，在系统梳理水电开发环境保护管理业务的基础上，利用信息化、数字化、智能化技术，建成以打破信息孤岛、打通数据壁垒的大渡河流域环境保护数据中心管控平台，构建标准统一的流域环境保护智慧管理的"专业脑"，打造环境保护信息平台、管控平台、决策平台，以大渡河公司环境保护管理大数据为依托，实现了环境保护管理自动感知、自动分析、自动预警、智能决策，为流域水电开发环境保护全生命周期业务管理提供借鉴和参考。

（2）统一流域环境保护管控标准。在下一步工作中，大渡河公司将会把大渡河流域环境保护数据中心管控模式向流域已建、在建和筹建的电站项目推广，经过多个电站项目运行复核和修正，形成可复制、可推广的大渡河流域水电开发环境保护全生命周期管理统一管控模型和标准，实现水电环境保护管理精细化、智慧化、程序化和标准化，为水电环境保护事业做出更大贡献。

参考文献

[1] 涂扬举. 建设智慧企业，实现自动管理[J]. 清华管理评论，2016（10）：29-37.

[2] 国电大渡河流域水电开发有限公司. 智慧企业理论体系（2.0 版本）[R]. 成都：国电大渡河流域水电开发有限公司，2017.

长江大保护背景下金沙水电站生态环境保护工作探索

贾蕴翔　　刘长明

（四川省能投攀枝花水电开发有限公司，攀枝花 617068）

摘　要： 流域梯级水电开发对防范灾害、水资源综合利用、生态修复发挥了重要作用，长江大保护背景下对水电开发的生态环境保护提出了更高的要求。本文以金沙水电站为例，从施工期水环境保护、鱼类增殖站、过鱼设施、表土剥离 4 个环境保护措施方面，重点分析了金沙水电站的生态环境保护工作，总结了蓄水前环境保护措施的落实情况，梳理了金沙水电站建设的意义。

关键词： 长江大保护；金沙水电站；生态环境保护

2016 年 1 月，习近平总书记在推动长江经济带发展座谈会上强调"推动长江经济带发展必须从中华民族长远利益考虑，要把修复长江生态环境摆在压倒性位置，共抓大保护，不搞大开发"。3 月，《国民经济和社会发展第十三个五年规划纲要（2016—2020）》中提出了"统筹水电开发与生态保护，坚持生态优先，以重要流域龙头水电站建设为重点，科学开发西南水电资源"的指导思想，进一步指明了水电开发必须走生态优先的发展道路。2017 年 7 月，环境保护部、国家发展和改革委员会、水利部三部委联合印发的《关于印发〈长江经济带生态环境保护规划〉的通知》提出随着长江经济带发展战略全面实施和生态文明建设加快推进，要把生态环境保护摆上优先地位，用改革创新的办法抓长江生态保护，确保一江清水绵延后世[1]。2018 年 9 月，十三届全国人大常委会公布立法规划，《中华人民共和国长江保护法》赫然在列，这是我国第一部流域层面的法律，将长江的生态环境的保护上升到法律的高度。

在长江大保护背景下，2016 年 8 月金沙水电站获得国家发展改革委的核准，次月主体工程正式开工。本文结合四川省能投攀枝花水电开发有限公司（以下简称"川能攀枝

作者简介：贾蕴翔（1970—），男，蒙古族，内蒙古赤峰人，高级工程师，主要从事水利水电工程建设与管理工作。

花公司"）在金沙水电站建设与开发的有关情况，总结生态环境保护工作情况，为积极推进金沙水电站资源开发提供参考。

1　金沙水电站概况

1.1　工程概况

金沙水电站位于金沙江干流中游末端的攀枝花河段上，电站坝址位于攀枝花市中心城区，上距在建的观音岩水电站坝址 28.9 km，下距规划的银江水电站坝址约 21.3 km。金沙水电站最大坝高 66 m，正常蓄水位 1 022.0 m，死水位 1 020.0 m；水库总库容 1.08 亿 m³，具有日调节功能，控制流域面积 25.89 万 km²，多年平均流量 1 870 m³/s；电站装机容量 560 MW，多年平均发电量为 21.77 亿 kW·h。建设金沙水电站旨在合理利用金沙江水能资源，工程主要开发任务为发电，兼有供水、改善城市水域景观和取水条件，兼具对观音岩水电站的反调节作用[2]。建设金沙水电站对弥补攀枝花市电力不足、促进电网经济安全运行具有重大作用。项目区气候类型属北亚热带干热河谷气候区，全年分为干湿两季。多年平均气温 20.3℃，全年日照 2 300～2 700 h，多年平均降雨量 836 mm，多年平均蒸发量 2 086 mm。

1.2　区域生态环境特点

1.2.1　生态环境脆弱，自然灾害频繁

攀枝花河段岸坡陡峻，植被以低矮稀疏灌草丛为主，裸露地表较多，属金沙江中游水土流失较严重的地区之一；地处金沙江干热河谷，气温高，空气干燥，蒸发量远大于降雨量，不利于农业发展。近年来，滑坡、泥石流和干旱等自然灾害频繁发生，严重影响了当地经济发展。

1.2.2　水环境影响复杂

金沙水电站河段以峡谷为主，谷坡陡峭，河道狭窄、险滩密布，河床纵向坡降达 0.75‰，局部达 1.84‰，深潭浅滩交错，生境复杂多样。该河段为金沙江中下游过渡区域，属江河平原鱼类与青藏高原鱼类的过渡分布水域，分布有多种珍稀特有鱼类，包括胭脂鱼、圆口铜鱼、长丝裂腹鱼等，上述珍稀特有鱼类在该河段均分布有产卵场、索饵场、越冬场等重要栖息地，环境敏感度高。

金沙江中游和下游等梯级为滚动开发模式[4]。金沙江中、下游规划多座大型、巨型电

站，对水文情势改变明显。中游梨园、阿海、金安桥、鲁地拉、观音岩已建成，下游乌东德、白鹤滩水电站在建，溪洛渡、向家坝水电站已经建成。随着上述规划梯级的建设投运，生态影响呈现出潜在性、长期性、累积性，加之受流域上下游叠加影响，环境影响复杂[3]。且该河段分布的鱼类受多级电站阻隔影响，迁移交流受阻，河段鱼类资源总体有所下降。

1.2.3 水污染负荷大，用水安全存在隐患

攀枝花市为重工业城市，工业废水排放量大，城市生活污水大部分未经处理直接排放，从近年的监测结果来看，城市生活污水处理率较低，影响了全江段水质达标率。

而且由于地形条件和城市历史布局结构的限制，攀枝花市废（污）水排放口与取水口沿江交错分布，取水口上、下游即分布有排污口，直接威胁城市用水安全，河段水污染防治任重道远。

1.2.4 大气环境质量不容乐观

攀枝花市是一座以资源开发利用为主的城市，工业总量的 90%为资源经济，而其能源消耗又以一次能源的煤炭为主，由此带来 SO_2、NO_x、烟尘、粉尘等大量有害气体排放问题。加上攀枝花市河谷地形地貌条件不利于大气污染物扩散，环境空气质量已经直接危害到人民群众的身体健康和社会稳定，危及攀枝花市的生态环境安全、可持续发展战略的实施。

1.3 当前形势下的环境保护要求

习近平总书记多次强调，"绿水青山就是金山银山"，推动形成绿色发展方式和生活方式。我国实行严格的环境保护制度，突出生态优先、绿色发展的原则，推进生态文明建设、美丽中国建设。在当前新形势下，水电生态环境保护的要求也越来越高。在金沙江水电开发的过程中，要坚持生态优先、绿色发展，科学有序地推进金沙江水能资源开发，推动金沙江流域在保护中发展、在发展中保护，更好地造福人民。

2 金沙水电站生态环境保护措施

为最大限度地缓解水电站建设对自然生态环境造成的不利影响，金沙水电站工程建立了全面的环境保护措施体系，主要由水环境保护、水生生态保护、陆生生态保护、水土保持等部分组成。认真做好各环保措施的设计、建设和运行管理，确保各项工作满足环评、水保要求。

2.1　施工期水环境保护措施

在施工期采用了砂石料冲洗废水、混凝土系统废水处理、洗车废水、生活用水处理，并加强日常维护管理。砂石加工系统和混凝土拌合系统的生产废水采用"机械预处理+辐流沉淀池+机械压滤脱水"和沉淀池的方法，生产废水经沉淀处理后回用于系统生产，实现零排放。在运行期间，建立健全废水处理系统运行台账，并做好相应的运行维护管理等工作，确保了废水沉淀效果。

公司营地生活污水直接纳入城市污水管网系统处理。施工营地修建时配套设置了化粪池和地埋式成套污水处理设备，对生活污水进行集中处理后达标排放。

2.2　鱼类增殖站措施

为缓解金沙水电站乃至金沙江中下游和雅砻江下游水电工程建设对鱼类资源的影响，结合金沙江中游鱼类增殖站总体规划，金沙水电站与上游的观音岩水电站合建鱼类增殖站，开创国内水电不同开发业主合作共建的先河。近期重点放流种类为长薄鳅、岩原鲤、白甲鱼、圆口铜鱼 4 种特有珍稀种类，中远期将增加裸体异鳔鳅鮀、前鳍高原鳅、白缘𫚙、前臀鲱的放流。设计年放流量 22.1 万尾，苗种规格 4～6 cm。鱼类增殖站包括蓄水池、亲鱼培育车间、苗种培育车间、实验室和办公综合楼等，布置有展示实验楼一栋，建筑面积 490 m^2；布置亲鱼驯养培育试验车间、苗种培育车间各 1 栋，建筑面积 1 230 m^2，室内有循环水系统 2 套，4 m 玻璃缸 10 个，2 m 玻璃缸 40 个；室外生态养殖池 1 个，蓄水池 1 个，污水处理系统 1 套，土建总投资 990 万元。

2.3　过鱼措施

金沙水电站位于金沙江干流上，对过鱼设施的要求较高。为了最大限度地降低对鱼类洄游的影响，宜选择过鱼效果好、过鱼效率高的设施。由于本河段的过鱼目标以底层鱼类比例最大，所以过鱼设施应适合底层鱼类通过。综上所述，升鱼机、鱼闸和集运鱼设施存在过鱼不连续、过鱼效果不稳定、不能大量过鱼等缺点，且操作复杂、运行费用高，不适合本工程采用。另外，仿自然鱼道因为设计难度较大，国内成功范例较少，采取该方案的运行效果存在一定不确定性，后期运行需要进行长期维护和调整，技术支撑也较薄弱。因此，根据各类过鱼建筑物的特点，结合过鱼对象的洄游习性、鱼体大小以及技术条件，并参考国内外已建工程经验，从持续过鱼以及运行多方面综合考虑，选择鱼道作为金沙水电站的过鱼建筑物。

2.4 水土保持措施

金沙水电站水土流失防治责任范围包括项目建设区和直接影响区两部分，面积为875.98 hm²。其中，四川省 875.91 hm²，云南省 0.07 hm²。水土流失防治分为 7 个一级防治分区，包括枢纽及导流工程区、交通工程区、弃渣（存料）场区、料场区、施工生产生活设施区、水库淹没区和移民安置及专项设施复建区。主体工程从工程占地、土石方平衡利用、占地性质、占地类型等方面均考虑了的水土保持因素，以减少土地占用和扰动。主体工程设计中，采取了浆砌石挡墙、边坡支护、坝肩以上不良地质体处理面支护、干砌石护坡、网格植草护坡、路基边沟、排水涵洞、截排水沟、复垦等措施。枢纽区主要以水土保持工程措施为主，主要包括截排水沟、边坡喷锚支护、框格梁护坡等。交通工程防治区道路沿线排水沟及边坡喷护、道旁草籽绿化措施、沿线截水沟及挡墙、框格梁护坡。弃渣（存料）场防治区实施拦渣坝、排导槽、截水沟一期护坡等水保专项工程施工。

3 金沙水电站蓄水前环境保护措施落实分析

3.1 水环境保护措施

金沙水电站委托专业监测机构对施工期水环境进行监测，监测内容包括地表水、生活饮水和生活污水。地表水监测点位包括金沙电站坝前 3.1 km（背景断面）、施工营地下游 1 km、荷花池水厂取水口上游 3 km。生活饮水监测点位为左岸坝址上游 1.2 km 水厂生活用水取水口。生活污水监测点位为一号施工营地生活污水排放口、二号施工营地生活污水排放口、左岸混凝土拌和系统冲洗废水处理末端。其中，地表水和生活饮水每个季度监测 1 d，采样 1 次。生活污水每个季度监测 2 d，每天采样 2 次。从图 1 可以看出，2016—2019 年，pH、五日生化需氧量、总磷和悬浮物年平均值整体都呈下降趋势，尤其是 2017 年以后，下降趋势明显，主要是由于污水处理设备于 2016 年建成预运行，2017年正式投产运行。其中地表水年平均值均达到了《地表水环境质量标准》（GB 3838—2002）Ⅱ类水标准，优于该河段水质Ⅲ类水的标准。生活污水的 2016 年五日生化需氧量以及2016 年和 2018 年的总磷年平均值都超过了《污水综合排放标准》（GB 8978—1996）一级标准，应加强生活污水处理设备的日常管理。

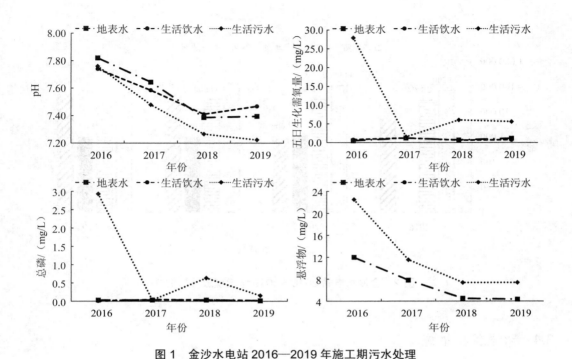

图 1 金沙水电站 2016—2019 年施工期污水处理

3.2 鱼类增殖站

金沙水电站鱼类增殖站于 2015 年建成，2016 年 9 月启动首次增殖放流活动，当年放流物种包括岩原鲤、白甲鱼和长薄鳅，共计放流苗种 107 700 尾。2017 年突破圆口铜鱼人工繁育技术瓶颈。从 2018 年开始，放流规模稳定在 22 万尾，满足放流规模要求。截至 2019 年，金沙水电站已组织实施 4 个年度的鱼类增殖放流活动，已累计放流苗种 71.4 万尾，具体放流物种和放流规模见图 2。通过开展鱼类增殖放流，有效减轻金沙水电工程建设对金沙江鱼类资源、种质和遗传等方面造成的不利影响，进一步改善金沙江中游水域生态环境、保护水生生物多样性、促进渔业资源可持续发展。同时，对增强全社会的水生态环保意识和促进人水和谐等具重要意义。

3.3 过鱼设施

金沙水电站建设的鱼道是金沙江中游梯级电站中目前唯一的过鱼设施，也是金沙江流域建设的第一个鱼道。其位置布置在电站厂房左岸，出鱼口底高程 1 018.50 m，进鱼口底高程 994.00 m，全长约为 1 755 m。鱼道开挖土石方总量 8.37 万 m^3，混凝土浇筑 10.71 万 m^3。目前，鱼道正在与主体工程同步建设，2019 年年底已经完成鱼道土建部分的施工工作，在蓄水前将全面完成鱼道建设。

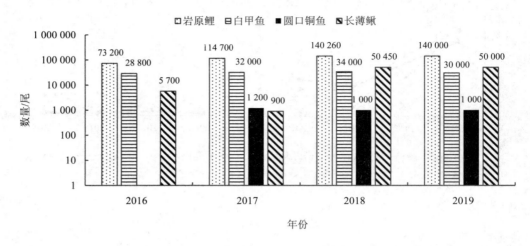

图 2   金沙水电站 2016—2019 年增殖放流量汇总

3.4   水土保持措施

水土保持主体工程施工布置中，采用封闭式施工管理方式、施工场地分区布置、对场地进行重复利用、尽量利用开挖料等，避免了工程施工对周边环境的影响，减少了新增占地、扰动原地貌范围和损坏水土保持设施数量，符合水土保持的要求。

在主体工程防护措施设计中，对两岸坝肩开挖边坡截排水设施、料场开采坡面截排水措施、交通工程路基开挖边坡截排水和边坡网格植草防护、施工生产生活设施边坡防护和场内排水等措施，在保证主体工程安全、满足主体工程需要的同时，可有效防止水土流失及其危害的发生，基本满足水土保持要求。

采取最严格的表土剥离制度，保护珍贵的表土资源，保护了城市最稀缺的表土资源，为后期植被恢复及绿化落实了土源，有助于城市生态系统的重建。最大限度利用城市的雨水资源，电站管理范围内优先恢复林草植被，利用植物涵养水源。对不能恢复林草的区域，铺装透水砖、空心砖、渗水混凝土等透水材料，使雨水能够就地下渗，涵养城市水源[5]。

4   金沙水电站建设意义

4.1   金沙水电站生态保护和工程开发的关系

金沙水电站所处的地理位置特殊，既距离攀枝花市较近，又位于金沙江中游与下游交界处，生态环境敏感性强，环保水保压力大。金沙水电站自规划阶段就高度重视生态环境保护，在建设期间，从管理、措施、科研、监理监测等多方面加强了环境保护和水土保持投入；在技术方面，不断探索与总结分析，形成了一系列适应金沙水电站生态环境保护体系；在管理方面，建立了完善的环保水保管理体系，形成了全方位、分层次、系统化、网格型的环保水保管理体系。

4.2　提升沿江城市生态景观

金沙水电建成后对造沿江景观带、提升城市品位有着积极的作用。大坝抬高了城区河段水位，增加了城市亲水空间。借此契机，攀枝花市提出打造一条穿越城市中心，以"花海走廊、绿染江岸"为目标，展现独特城市风貌的多功能立体滨江休闲带，实现滨江亲水的城市梦想。金沙水电站的沿江道路、临江料场、存料场迹地等施工设施均位于城市沿江可视范围内，水土保持设计不拘于传统的迹地恢复目标，而按生态优先、因地制宜、特色鲜明等原则，进行沿江景观带设计，以提升城市品位。

沿江景观带以"构建绿化林带、打造景观花海、恢复生态草地"为总体策略，设计方案如下：①沿江道路以"构建绿化林带"为目标，路基下边坡种植乡土常绿阔叶树种，构成沿江两岸的基础植被。路肩栽植行道树，形成绿色防护隔离林带，屏蔽道路交通对景观带产生的不良影响。②临江料场开采迹地以"打造景观花海"为目标，终采平台回覆耕作土，栽植开花乔、灌木和草本植物，营造气势壮观的花林景观，形成大花花林、香花花林、市树花林等，以花为景。③存料场迹地位于河流常水位以下，以"恢复生态草地"为目标，种植湿生草本植物，形成富有野趣的草滩景观，恢复生态湿地。

4.3　深入实践长江大保护

金沙江作为长江的上游河段，保护金沙江是长江大保护的重要组成。金沙水电站也是长江上游经济带的重要组成部分，其建设不仅对地方经济和社会发展、推动长江经济带建设具有重要作用，而且对筑牢长江上游重要生态屏障，助力长江大保护具有重要意义。

金沙水电站在建设过程中一直按照各项政策制度要求做好生态环境保护工作。通过严格的水土保持、水环境保护等措施和管理体系，减少了水土流失和水环境污染，降低对生态环境的影响，避免对金沙江中游河段造成水环境破坏，为长江大保护助力。

长江鱼类资源提升和保护是长江大保护的重要形式之一。金沙水电站鱼道将于2021年正式投运，作为金沙江流域第一个建成投运的鱼道，其成功运行将会对金沙江中游的河道连通性有较大提升，减缓大坝阻隔效应，帮助鱼类通过大坝到达繁殖地或索饵场等重要生活场所有重要作用。金沙水电站鱼类增殖站于2016年9月启动首次增殖放流活动，主要放流物种包括岩原鲤、白甲鱼和长薄鳅，截至 2019 年，金沙水电站已累计放流苗种 71.4 万尾，通过开展鱼类增殖放流，有效减轻了金沙水电工程建设对金沙江鱼类资源、种质和遗传等方面造成的不利影响，进一步改善了金沙江中游水域生态环境。金沙水电站鱼道和增殖站的成功运行，为金沙江鱼类资源多样性提升乃至长江流域的鱼类资源保护做出了切实的贡献，也是长江大保护的深入实践。

金沙水电站工程以发电为主，同时兼有供水、改善城市水域景观和取水条件。不但对攀枝花城市供水有重要意义，同时，作为可再生的清洁能源，每年可节约火电标煤约 79 万 t，每年可减少 CO_2、SO_2、NO_x 排放量分别为 200 万 t、0.6 万 t 和 0.5 万 t，为实现"碳达峰、碳中和"目标助力。

参考文献

[1] 生态环境部. 关于印发《长江经济带生态环境保护规划》的通知[DB/OL].（2017-07-17）[2020-08-20]. http://www.mee.gov.cn/gkml/hbb/bwj/201707/t20170718_418053.htm.

[2] 单俊，何开朝. 浅谈金沙江金沙水电站工程建设安全管理工作[J]. 四川水力发电，2018，37（2）：33-35.

[3] 罗小勇，陈蕾，李斐. 金沙江干流梯级开发环境影响分析[J]. 水利水电快报，2004，25（14）：7-10.

[4] 高盈孟，杨强. 金沙江中游流域水电开发规划体系研究与实践[J]. 水力发电，2012，38（11）：1-3.

[5] 祖安君，薛鹏. 金沙水电站水土保持设计新思路探讨[J]. 人民长江，2015（S1）：204-205.